操作系统实验指导

欧阳毅 主编

浙江工商大学出版社
ZHEJIANG GONGSHANG UNIVERSITY PRESS

图书在版编目(CIP)数据

操作系统实验指导 / 欧阳毅主编. — 杭州 ：浙江工商大学出版社，2012.8(2022.8 重印)

ISBN 978-7-81140-568-2

Ⅰ. ①操… Ⅱ. ①欧… Ⅲ. ①Linux 操作系统—高等学校—教材 Ⅳ. ①TP316.89

中国版本图书馆 CIP 数据核字(2012)第 173714 号

操作系统实验指导

欧阳毅 主编

责任编辑	吴岳婷
封面设计	王好驰
责任印制	包建辉
出版发行	浙江工商大学出版社 (杭州市教工路 198 号 邮政编码 310012) (E-mail:zjgsupress@163.com) (网址:http://www.zjgsupress.com) 电话:0571－88904980,88831806(传真)
排 版	杭州朝曦图文设计有限公司
印 刷	广东虎彩云印刷有限公司绍兴分公司
开 本	787mm×960mm 1/16
印 张	16
字 数	313 千
版 印 次	2012 年 8 月第 1 版 2022 年 8 月第 5 次印刷
书 号	ISBN 978-7-81140-568-2
定 价	32.00 元

浙江工商大学出版社营销部邮购电话 0571－88904970

“计算机与软件工程实验指导丛书”编委会

总　序

以计算机技术为核心的信息产业极大地促进了当代社会和经济的发展，培养具有扎实的计算机理论知识、丰富的实践能力和创新意识的应用型人才，形成一支有相当规模和质量的专业技术人员队伍来满足各行各业的信息化人才需求，已成为当前计算机教学的当务之急。

计算机学科发展迅速，新理论新技术不断涌现，而计算机专业的传统教材特别是实验教材仍然使用一些相对落后的实验案例和实验内容，无法适应当代计算机人才培养的需要，教材的更新和建设迫在眉睫。目前，一些高校在计算机专业的实践教学和教材改革等方面做了大量工作，许多教师在实践教学和科研等方面积累了许多宝贵经验，将他们的教学经验和科研成果转化为教材，介绍给国内同仁，对于深化计算机专业的实践教学改革有着十分重要的意义。

为此，浙江工商大学出版社、浙江工商大学计算机技术与工程实验教学中心及软件工程实验教学中心邀请长期工作在教学科研第一线的专家教授，根据多年人才培养及实践教学的经验，针对国内外企业对计算机人才的知识和能力需求，组织编写了“计算机与软件工程实验指导丛书”。该丛书包括《操作系统实验指导》《嵌入式系统实验指导》《数据库系统原理学习指导》《Java 程序设计实验指导》《接口与通信实验指导》《My SQL 实验指导》《软件项目管理实验指导》《软件工程实践实验指导》《软件工程开源实验指导》《计算机应用技术（办公软件）实验指导》等书，涵盖了计算机及软件工程等专业的核心课程。

丛书的作者长期工作在教学、科研的第一线，具有丰富的教学经验和较高的学术水平。教材内容凸显当代计算机科学技术的发展，强调掌握相关学科所需的基本技能、方法和技术，培养学生解决实际问题的能力。实验案例选材广泛，来自于学生课题、教师科研项目、企业案例以及开源项目，强调实验教学与科研、应用开发、产业前沿紧密结合，体现实用性和前瞻性，有利于激发学生的学习兴趣。

我们希望本丛书的出版对国内计算机专业实践教学改革和信息技术人才的培养起到积极的推动作用。

"计算机与软件工程实验指导丛书"编委会

2012 年 7 月

前　言

操作系统是计算机系统的核心软件，在计算机系统中占有极其重要的地位。学习操作系统就是要理解并熟练地掌握并运用它，为深入掌握计算机专业知识，进一步提升软件开发设计能力打下坚实的基础。而要真正理解操作系统的设计理念并非易事，一方面需要进行理论学习，另一方面则需要一个好的实验教材指导上机调试。

本教材针对操作系统内容庞杂、涉及面广的特点，在实验内容的选取上以Linux操作系统为平台，注重基础性、实践性、先进性。在框架的设计上注重逻辑性、完整性，将操作系统的内容组织成一个完整的逻辑整体。提炼现代操作系统中多用户、多任务的本质特性，始终贯穿并发、共享的主线。以Linux内核源码为基础，深入浅出地描述现代操作系统的动态特性，论述操作系统的重要概念——进程，支持多进程并发活动必需的数据结构，进程控制与进程调度等功能的实现技术，对于并发活动中进程同步和死锁等问题的解决策略与方法。

本教材针对操作系统实践性强的特征，以Linux操作系统为例，给出了一个操作系统实验体系。该实验体系涉及操作系统的核心实验和一些重要的实际应用，主要包括Linux系统中进程管理、进程间通信、进程同步、内存管理、死锁的处理和文件系统等功能模块。每个实验都是一个完整的小体系，包括：预备知识、实验目的、实验内容和实验中的程序范例。所有范例仅供参考，学生上机时需自行设计独立完成，同时给出更高层次的上机思考题。

在教材的内容上，操作系统原理的论述和实验内容的讨论相互关联，相互印证，读者能以操作系统原理为指导，针对每个实验去思考自己要做什么，通过实验知道如何去做，实验完成后思考为什么这样做，有没有更好的方法。这样，每次实验都会有所收获，能更好地理解操作系统中的相关概念，操作系统实现的机制和策略，体验操作系统各功能模块的实现技术。

本书由浙江工商大学计算机与信息工程学院的欧阳毅老师、浙江大学宁波理工学院计算机研究所的朱朝艳老师、浙江大学宁波理工学院计算机研究所的童有成老师共同合作编著。欧阳毅老师负责第一、二、三、四、七章的全部实验，以及第五章的实验四和第六章的实验三，并负责统稿工作；朱朝艳老师负责第五章的实验一，实验二和实验三；童有成老师负责第六章的实验一和实验二。编写过程中，得到了浙江工商大学计算机与信息工程学院实验教学示范中心的大力支持，浙江工商大学出版社的柯希和蒋红群老师对本书进行详细校对并提出了宝贵的意见，使本书得以顺利出版。在此谨向他们表示衷心的感谢。

编著者

2012 年 5 月

目　　录

绪　论

操作系统是现代计算机系统中不可缺少的基本系统软件。操作系统管理和控制计算机系统中的所有软、硬件资源，是计算机系统的灵魂和核心。除此之外，它还为用户使用计算机提供一个方便灵活、安全可靠的工作环境。学习并掌握计算机操作系统的基本原理和设计方法，不仅对计算机专业的学生和研究人员是必要的，而且对一般计算机应用人员也是非常有益的。

《操作系统原理》(或称《操作系统》)课程是计算机各专业的必修课程和主干课之一。它在学生的计算机专业知识结构中有着重要的地位和作用，它为学生学习以后各主要课程的学习打下扎实的基础。作为计算机基础理论的一部分，操作系统原理有一定难度。原因之一是除了要分析操作系统软件及实行算法等特性外，还要考虑计算机硬件等特性。本书介绍了一套系统的操作系统实验内容，它的设计思路、实现方法以及操作步骤，能引导学生参与操作系统内核交互，以观察其原理。本实验教材可以较好地帮助他们“理论联系实际”，学习操作系统原理。同时书中主要实验采用内核代码公开的 Linux 操作系统作为研究对象，以便学生可以对操作系统的实现细节展开深入学习。

本书作者在学习掌握操作系统原理的经典理论基础之上，通过大量阅读 Linux 内核代码来理解其实现的原理，进而设计了一组实验，包括 Linux 源码简介、Linux 内核编译、添加系统调用、进程管理实验、进程同步和互斥、CPU 调度算法、Linux 文件系统和磁盘调度实验。实验涉及的知识涵盖了操作系统主要模块功能。实验指导学生从内核分析入手深入操作系统各模块的构成和算法设计，在构思上与以往的操作系统原理实验相比更贴近内核，能更好的使学生理解操作系统原理。设计这套系统实验时融入了：高级语言编程 C/C＋＋、内核裁剪、内核修改、内核编译以及系统编程等技术。

本教材的目的是使学生系统掌握操作系统的基本理论、设计方法和实现技术。课件内容安排具体如下：

第一章介绍 Linux 源码的组成、主要文件及目录结构、Linux 内核编译和添加系统调用。

第二章介绍进程管理采用的主要技术，其中包括 Linux 进程创建、管道通信和消息传递和共享内存。

第三章介绍进程同步和互斥，以及 Linux 系统进程同步和互斥实验和死锁——银行家算法实验。

第四章介绍 Linux 中进程调度，主要对操作系统原理理论课讲授的 CPU 各种调度算法进行实现。

第五章介绍内存管理，包括采用动态分区管理的主存分配与回收，分页管理的主存分配与回收，统计操作系统缺页次数和虚拟存储器中的页面置换算法实验。

第六章介绍 Linux 文件系统，通过设计并实现一个二级文件系统程序，设计并实现一个 ext2 文件系统跟踪程序和在 Linux 中添加一个文件系统。

第七章介绍磁盘调度，对各种磁盘调度算法进行实现。

第一章 Linux 源码简介

本章重点介绍 Linux 操作系统内核代码的分布情况，和虚拟机 VMWare 的使用。本章描述了在 Linux 核心源程序中，应该从什么地方开始查看特定的核心功能。

Linux 的应用领域比较广泛。在某些领域中 Linux 具有其他操作系统无法比拟的优势，特别是在网络服务器方面，Linux 以其稳定及强大的性能占据了非常重要的地位。Linux 主要应用于网络服务器，工作站，嵌入式系统，个人用户桌面和视频制作等应用领域。

Linux 是当今流行的操作系统之一。由于其源码的开放性，现代操作系统设计的思想和技术能够不断运用于它的新版本中。因此，读懂并修改 Linux 内核源代码无疑是学习操作系统设计技术的有效方法。本章首先介绍 Linux 内核的特点、源码结构和重新编译内核的方法，讲述如何通过 Linux 系统所提供的/proc 虚拟文件系统了解操作系统运行状况的方法。最后，对 Linux 编程环境中的常用工具也作简单介绍。

Linux 操作系统在短短几年时间内得到迅猛发展，与 Linux 具有良好特性是分不开的。简单地说，Linux 具有以下主要特性。

第一，开放性。开放性是指系统遵循世界标准规范，特别是遵循开放系统互联(OSI)国际标准。Linux 是一种开源软件，其源代码公开发放，同时使用者可以根据个人的具体要求对 Linux 的内核或外壳进行修改并发行，甚至构建个性化的系统。这使得 Linux 用户不断增多，功能也日趋完善。

第二，多用户。多用户是指系统资源可以被不同的用户各自拥有使用，即每个用户对自己拥有的资源有独立的权限，互不影响。Linux 提供虚拟控制台的访问方式，可以同时接受多个用户登录，还允许用户在同一时间从控制台进行多次登录，是一个真正意义上的多用户操作系统。

第三，多任务。多任务是现代操作系统的主要特点之一，它是指计算机同时执行多个程序，同时各程序能独立运行，互不干扰。由于目前 CPU 处理速度非常快，Linux 对应用程序调度的开销也较少，因而系统运行起来更顺畅，启动多个应用程序看起来像在并行运行。

第四，良好的用户界面。Linux 向用户提供了两种界面：操作界面和程序设计界面。操作界面包括传统的基本文本的命令行界面（Shell，也称字符终端用户界面）和图像化用户界面。Shell 既可以联机使用也可以脱机使用，有很强的程序设计能力。Linux 也提供一个直观、易操作、且交互性能友好的图形化界面。系统调用是用户编程时使用的界面。用户可以在编程时直接使用系统提供的系统调用命令或函数。

第五，强大的网络服务。Linux 在通信和网络服务方面优于其他操作系统，为用户提供了完善的、强大的网络服务。完善的内置网络服务是 Linux 的一大特点。目前 Linux 支持的网络服务主要包括 WWW 服务、电子邮件服务、FTP 服务、DNS 和 DHCP 服务、Telnet 服务、NIS 和 NFS 服务等。

第六，设备独立性。Linux 具有设备独立性，它把所有外部设备当做文件来处理，只要安装它们的驱动程序，任何用户都可以像使用文件一样使用这些设备，而不必知道它们的具体实现形式。Linux 内核具有高度适应能力，使更多的硬件设备可以加入到各种 Linux 内核和发行版本中。同时，用户也可根据需要修改内核源代码，以便适应新增加的外部设备。

第七，良好的可移植性。Linux 是一种可移植的操作系统，可以在不同的平台上运行。当 Linux 操作系统从一个平台转移到其他平台上时仍然可以运行而无需对系统做修改。可移植性为 Linux 在不同设备之间的通信提供了可靠而稳定的连接方式，而不需要另外增加特殊且昂贵的通信接口。

实验一 Linux 内核编译

一、预备知识

作为自由软件，在广大爱好者的支持下，Linux 内核版本不断更新。新的内核修订了旧内核的 bug，并增加了许多新的特性。如果用户想要使用这些特性，或想根据自身系统量身定制一个更高效、更稳定的内核，就需要重新编译内核。通常，更新的内核会支持更多的硬件，具备更好的进程管理能力，运行速度更快、更稳定，并会修复旧版本中发现的许多漏洞等。经常升级更新的系统内核是 Linux 使用者的必要操作内容。

要增加 Linux 对某部分功能的支持，比如网络服务，可以把相应部分编译到内核中，编译成模块以动态调用。如果将要增加的功能编译到内核中，在内核启动时可以自动支持相应部分的功能，其优点是方便快速，机器一旦启动，就可以使用这部分功能；缺点是会导致内核变得庞大，不管是否需要这部分功能，它都存在。建议仅将经常使用的部分直接编译到内核中。而如果将某功能编译成模块，就会生成对应的.ko 文件，使用时动态加载，优点是不会使内核过分庞大，缺点是需要手工调用这些模块。

1. 下载内核源代码

Linux 操作系统有 GNU 通用公共许可证(GPL)保护，故其内核源代码是完全开放的。现在很多 Linux 的网站都提供内核代码的下载。推荐使用 Linux 的官方网站(http://www.kernel.org)，在这里可以找到所有的内核版本，如图 1-1 所示。

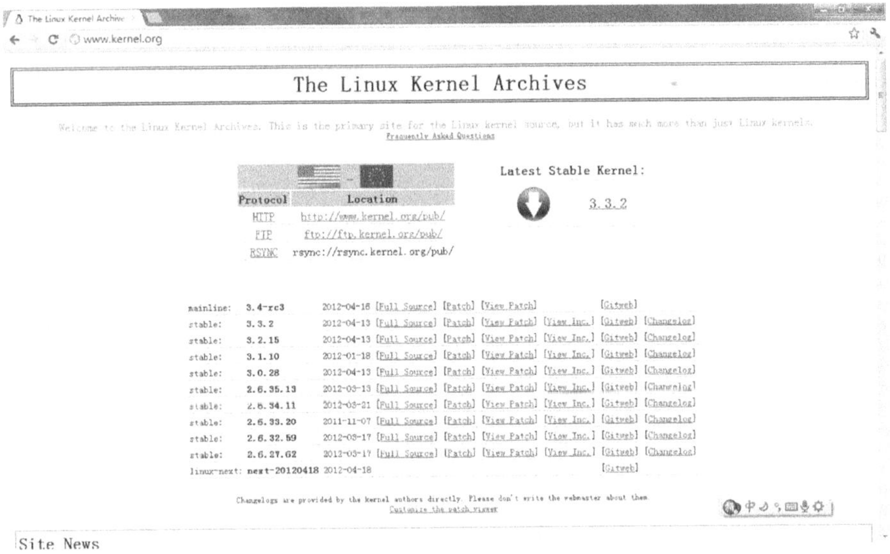

图 1-1　Linux 官方网站

(1) Linux Kernel Sources(Linux 核心源程序)。Linux 核心源程序有一个非常简单的编号系统。任何偶数的核心(例如 2.4.30)都是一个稳定的发行的核心，而任何奇数的核心(例如 2.5.42)都是一个开发中的核心。开发版的核心具有所有的最新的特点和设备支持，它们可能不稳定，但是让 Linux 社团测试最新核心是很重要的。这样可以让整个社团都进行测试。即使测试非生产用核心，最好也要备份系统。本书基于稳定的 2.4.32 源代码，在源程序树的最上层会看到一些目录：

Arch 子目录包括所有和体系结构相关的核心代码。它还有更深的子目录，每一个代表一种支持的体系结构，例如 i386 和 alpha。

Include 子目录包括编译核心所需要的大部分 include 文件。它也有更深的子目录，分别对应所支持的各个体系结构。Include/asm 是这个体系结构所需要的真实的 include 目录的软链接，例如 include/asm-i386。为了改变体系结构，你需要编辑核心的 makefile，重新运行 Linux 的核心配置程序。

Init 子目录包含核心的初始化代码，这是研究核心如何工作的一个非常好的起点。

Mm 子目录包括所有的内存管理代码。和体系结构相关的内存管理代码位于 arch/ * /mm/，例如 arch/i386/mm/fault. c

Drivers 系统所有的设备驱动程序。它们被划分成设备驱动程序类，例如 block。

Ipc 子目录包含核心的进程间通讯的代码。

Modules 这只是一个用来存放建立好的模块的目录。

Fs 所有的文件系统代码。被划分成子目录，每一个支持的文件系统一个子目录，例如 vfat 和 ext2。

Kernel 主要的核心代码。同样，和体系相关的核心代码放在 arch/ * /kernel。

Net 核心的网络代码。

Lib 子目录放置核心的库代码。和体系结构相关的库代码放在 arch/ * /lib。

Scripts 子目录包含脚本（例如 awk 和 tk 脚本），用于配置核心。

Memory Management（内存管理）代码大多存在 mm 下，但是和体系结构相关的代码在 arch/ * /mm。Page fault 处理代码在 mm/memory. c 中，内存映射和页缓存代码在 mm/filemap. c 中。Buffer cache 在 mm/buffer. c 中实现，交换缓存在 mm/swap_state. c 和 mm/swapfile. c 中。

Kernel：大部分相对通用的代码存在 kernel 下，和体系结构相关的代码在 arch/ * /kernel。调度程序在 kernel/sched. c，fork 代码在 kernel/fork. c。bottom half 处理代码在 include/linux/interrupt. h。task_struct 数据结构可以在 include/linux/sched. h 中找到。

Pci：Pci 伪驱动程序在 drivers/pci/pci. c，系统范围的定义在 include/linux/pci. h。每一种体系结构都有一些特殊的 Pci BIOS 代码，Alpha axp 的位于 arch/alpha/kernel/bios32. c。

Interprocess Communication：全部在 Ipc 目录。所有系统 V IPC 对象都包括 ipc_perm 数据结构，可以在 include/linux/ipc. h 中找到。系统 V 消息在 ipc/msg. c 中实现，共享内存在 ipc/shm. c 中，信号灯在 ipc/sem. c，管道在 ipc/pipe. c 中实现。

Interrupt Handling：核心的中断处理代码几乎都是和微处理器（通常也和平台）相关。Intel 中断处理代码在 arch/i386/kernel/irq. c 中，它的定义在 incude/asm-i386/irq. h。

Device Drivers（设备驱动程序）：Linux 核心源代码的大部分代码行在它的设备驱动程序中。Linux 所有的设备驱动程序源代码都在 drivers 中，但是它们被进一步分类：

/block 块设备驱动程序。如果希望查看所有可能包含文件系统的设备是如何初始化的，可以看 drivers/block/genhd. c 中的 device_setup()。它不仅初始化硬盘，也初始化网络，因为安装 nfs 文件系统的时候需要网络。块设备包括基于 IDE 和 SCSI 设备。

/char 这里可以查看基于字符的设备，比如 tty，串行口等。

/cdrom 所有的 CDROM 代码。在这里可以找到特殊的 CD-Rom 设备（比如 Soundblaster CDROM）。注意 IDE CD 驱动程序是 drivers/block 中的 ide-cd. c，而 SCSI CD 驱动程序在 drivers/scsi/scsi. c 中。

/pci PCI 伪驱动程序。这是一个观察 PCI 子系统如何被映射和初始化的好地方。Alpha AXP PCI 整理代码也只能在 arch/alpha/kernel/bios32. c 中查看。

/scsi 在这里不但可以找到所有的 Linux 支持的 SCSI 设备的驱动程序，也可以找到所有的 SCSI 代码。

/net 在这里可以找到网络设备驱动程序比如 DEC Chip 21040 PCI 以太网驱动程序在 tulip. c 中。

/sound 所有的声卡驱动程序的位置。

File Systems（文件系统）：ext2 文件系统的源程序都在 fs/ext2 子目录，数据结构的定义在 include/linux/ext2_fs. h、ext2_fs_i. h 和 ext2_fs_sb. h 中。虚拟文件系统的数据结构在 include/linux/fs. h 中描述，代码在 fs/ * 中。Buffer cache 和 update 核心守护进程都是用 fs/buffer. c 实现的。

Network（网络）：网络代码放在 net 子目录，大部分的 include 文件在 include/net。BSD socket 代码在 net/socket. c，Ipv4 INET socket 代码在 net/ipv4/af_inet. c 中。通用协议的支持代码（包括 sk_buff 处理例程）在 net/core 中，TCP/IP 网络代码在 net/ipv4。网络设备驱动程序在 drivers/net 中。

Modules（模块）：核心模块代码部分在核心，部分则在 modules 包中。核心代码全部在 kernel/modules. c，数据结果和核心守护进程 kerneld 的消息则分别在 include/linux/module. h 和 include/linux/kerneld. h 中。也可在 include/linux/elf. h 中查看一个 ELF 目标文件的结构。

(2)配置内核。进行这项工作之前，先阅读/usr/src/linux 目录下内核源代码自带的 README 文件。第一次编译时有必要将内核源代码树置于完整和一致的状态。因此，推荐执行命令 make mrproper。它将清除目录下所有配置文件和先前生成核心时产生的.o 文件：

```
#make mrproper
```

然后：

```
#make menuconfig
```

make menuconfig 是基于文本的选单式配置界面，作者一般使用这一配置命令。当然，也可用其他的配置界面，例如：

进行配置时，大部分选项可以使用其缺省值，只有小部分需根据用户的不同需要进行选择。例如，如果硬盘分区采用 ext2 文件系统（或 ext3 文件系统），则配置项应支持 ext2 文件系统（或 ext3 文件系统）。又例如，系统如果配有 SCSI 总线及设备，需要在配置中选择 SCSI 卡的支持。

对每一个配置选项，用户有三种选择，它们分别代表的含义如下：

<＊>或[＊] — 将该功能编译进内核
[ ] — 不将该功能编译进内核
[M] — 将该功能编译成可以在需要时动态插入到内核中的模块

将与核心其他部分关系较远且不经常使用的部分功能代码编译成为可加载模块，有利于减小内核的长度，减少内核消耗的内存，简化该功能在相应的环境改变时对内核产生的影响。许多功能都可以这样处理，例如像上面提到的对 SCSI 卡的支持，等等。

(3)编译内核和模块。编译内核，使用：

```
#make install
```

编译内核需要较长的时间，具体与机器的硬件条件及内核的配置等因素有关（作者采用 VMWare 虚拟机，约需 50 分钟）。完成后产生的内核文件 bzImage 的位置在/usr/src/linux/arch/i386/boot 目录下，当然这里假设用户的 CPU 是 Intel x86 型的，并且你将内核源代码放在/usr/src/linux 目录下。

如果选择了可加载模块，编译完内核后，要对选择的模块进行编译。用下面的命令编译模块并安装到标准的模块目录中：

```
#make modules
#make modules_install
```

(4) Linux 内核的启动。主机上电后，通过 RESET 组合电路，给 CPU 一个稳定的启动信号，使 Intel CPU（或与其兼容的 CPU）从地址 0xf000：0xfff0 开始执行指令。加电入口地址 F000：FFF0 存放一条 JMP 指令。通常，主机将该跳转地址安排为 Bios 的初始化程序的入口地址。所以，用户开机后，马上看到了 Bios 的开机画面。

Bios 的初始化过程，将完成两部分工作：系统加电自检（Power On Self Test）和系统自举。系统自举就是操作系统的装入和引导。不过，在此之前要先做加电自检，即对计算机系统硬件进行一系列测试。简要而言，Bios 开机启动工作的工作流程：

①检测电脑系统中的内存、显卡等关键设备能否正常工作。

②查找显卡的 Bios，然后调用显卡 Bios 的初始化代码，由它来完成显卡的初始化。大多数显卡在这个过程中通常会在屏幕上显示出一些显卡的信息，如生产厂商、图形芯片类型、显存容量等内容

③查找其他设备的 Bios 程序，找到之后同样要调用这些 Bios 内部的初始化代码来初始化这些设备。在这个步骤里，我们可以看到键盘上的 NUM LOCK、CAPS LOCK、SCROLL LOCK 等指示灯都闪亮一下。另外，如果电脑连接着一台针式打印机的话，将会听到打印头复位的声音。除了初始化系统硬件，初始化芯片中的寄存器外，还要初始化能源管理模块，所有与电脑节能有关的寄存器、计时器等都要从头开始。

④显示 Bios 自己的启动画面，其中包括有系统 Bios 的类型、序列号和版本号等内容，同时屏幕底端左下角会出现主板信息代码，包含 Bios 的日期、主板芯片组型号、主板的识别编码及厂商代码等。

⑤检测 CPU 的类型和工作频率，并将检测结果显示在屏幕上，这就是开机时看到的 CPU 类型和主频。

⑥开始检测系统中安装的一些标准硬件设备，这些设备包括硬盘、CD-Rom、软驱、串行接口和并行接口等连接的设备。

⑦标准设备检测完毕后，开始检测和配置系统中安装的即插即用设备。每找到一个设备之后，Bios 都会在屏幕上显示出设备的名称和型号等信息，同时为该设备分配中断、DMA 通道和 I/O 端口等资源。

以上步骤是电脑在打开电源开关（或按 Reset 键）进行冷启动时所要完成的各种初始化工作。如果我们按 Ctrl＋Alt＋Del 组合键进行热启动，那么前面两步将被跳过，直接从第三步开始，第五步的检测 CPU 和内存测试也不会再进行。但无论是冷启动还是热启动，Bios 都会重复上面的硬件检测。

加电自检完成后，即根据用户指定的启动顺序从软盘、硬盘或光驱中寻找启动设备。一旦找到启动设备，就会将系统的控制权交给启动设备中的操作系统。Bios

读取并执行硬盘上的主引导记录，主引导记录接着从分区表中找到第一个活动分区，然后读取并执行这个活动分区的分区引导记录，而分区引导记录将负责读取并执行操作系统的初始化程序。

任何操作系统都应首先考虑与 Intel 微机的系统结构和 Bios 的兼容性。按照早期 Intel 微机与 DOS 的约定，电源开启后，由机器的 Rom Bios(或主引导区)负责将启动盘第一扇区(boot sector)的内容从磁盘装入起始地址为 0X7C00 的内存空间，然后跳转至 0X7C00 位置开始执行。

通常主引导记录将被替换成该引导工具的引导代码，这些代码将允许用户选择一种操作系统，然后读取并执行该操作系统的基本引导代码。例如，Windows 的基本引导代码就是分区引导记录。

开机后，Intel CPU 在实模式下(real mode)工作，只能使用低端 640KB 的内存空间，且一部分空间已经被 Bios 占用。核心系统一般比这大，而且开始只能装入一个扇区，因而 Linux 不得不设计特殊的方法装入内核。方法之一就是经过压缩的核心模块 zImage。如果 zImage 还是放不下，那么就采用 big zImage 的加载方式，也就是我们刚刚编译生成的 bzImage。

在 arch/i386/boot 目录下的 bootsect. S 源文件，它是一个实模式下运行的汇编程序。它们经过汇编后生成二进制代码，存放在磁盘的引导区。

arch/i386/boot/bootsect. S

```
SETUPSECS    =4                 /* default nr of setup-sectors */
BOOTSEG      =0x07C0            /* original address of boot-sector */
INITSEG      =DEF_INITSEG       /* we move boot here-out of the way */
SETUPSEG     =DEF_SETUPSEG      /* setup starts here */
SYSSEG       =DEF_SYSSEG        /* system loaded at 0x10000 (65536) */
SYSSIZE      =DEF_SYSSIZE       /* system size: of 16-byte clicks */
```

这是 bootsect. S 中的最初几行，将对几个段值做初始化，其中的几个宏 DEF_INITSEG, DEF_SETUPSEG, DEF_SYSSEG, DEF_SYSSIZE 定义在 include/asm-i386/boot. h：

```
#define DEF_INITSEG       0x9000
#define DEF_SYSSEG        0x1000
#define DEF_SETUPSEG      0x9020
#define DEF_SYSSIZE       0x7F00
```

如果仔细阅读 bootsect. S 会发现，正是这个属于 Linux 内核源代码一部分的内核程序，将 Linux 内核(无论以 linuz 文件，还是以 zImage 文件，或者 bzImage 文件的形式保存)最终装进了主机内存，并且启动运行。

综上所述，Bios、grub、bootsect. S 在从主机上电至 Linux 操作系统运行这一过程中，各自起到了不可替代的作用，如表 1-1 所示。

表 1-1　系统上电启动阶段各功能模块的作用

对　象	作　用
Bios	上电后接管 CPU，装入操作系统引导工具，如 grub
grub	提供配置手段，或人机交互手段，将 CPU 交给用户指定的操作系统的内核
bootsect. S	从 grub 那里接管 CPU，并且拼装、运行 Linux 内核初始化程序

(5)应用 grub 配置启动文件。如果使用 grub 启动 Linux，则编辑/boot/grub/grub. conf 文件，修改系统引导配置。例如使用 vi 编辑工具：

```
#vi /boot/grub/grub.conf
```

```
# grub.conf generated by anaconda
#boot=/dev/sda
default=0
timeout=5
splashimage=(hd0,0)/boot/grub/splash.xpm.gz
hiddenmenu
title Red Hat Linux (2.4.32)
        root (hd0,0)
        kernel /boot/vmlinuz-2.4.32 ro root=LABEL=/
          initrd /boot/initrd-2.4.32.img
```

这里，以“#”开头的是注释行，grub 不会去解释、执行它。“default=0”命令表示当用户没有在规定时间内响应时，将解释、执行第 1 个“title”选项。“timeout=5”规定用户有效响应时间是 5 秒。“title”定义了启动菜单里面的菜单项，一旦选中了此菜单项，那么，只有这个“title”后跟的命令才被 grub 解释、执行。“root”指定“根设备”的地址。通过“kernel”命令，要求 grub 从后跟的路径，装入操作系统内核。grub 将从“initrd”命令指定的路径，装入一个 ramdisk 文件，并设定一些必需的参数；Linux 操作系统启动时，需要这样的文件。好了，我们已经编译了内核 bzImage，并放到了指定位置/boot；然后程序也配置了/boot/grub/grub. conf。现在重启主机系统，编译过的 Linux 操作系统内核就可以正常运行。

2. Linux 内核开发的常用工具

有些软件、工具，对于学习 Linux 很有帮助。用好、用通了其中一二，往往能达到事半功倍的效果。例如，我们已经看到 grub 工具能轻松地解决多系统启动问题，下面再推荐虚拟机系统 VMware。

(1)虚拟机系统 VMware。虚拟化技术，希望在计算机硬件与操作系统之间，插入一个抽象层，变原本的一对一关系(一套计算机硬件，对应一个操作系统)为一对多关系(一套计算机硬件，对应多个独立的操作系统)。而且，所对应的操作系统，可以是相同版本的，也可以是多个版本的，甚至是完全不同的操作系统。例如，一台典型的 IBM X60 笔记本，安装了 Windows XP，没有 Linux 环境。如果引入并安装了 VMware Workstation，则可在它的上层安装、运行 Linux 系统。

(2)安装 VMware。访问 VMware 官方网站 http://www.vmware.com，可以下载 open source 版本 VMware Workstation 7。下载得到安装文件"vmware-workstation-full-7.1.2-301548.exe"。双击之，开始安装。出现画面，如图 1-2。

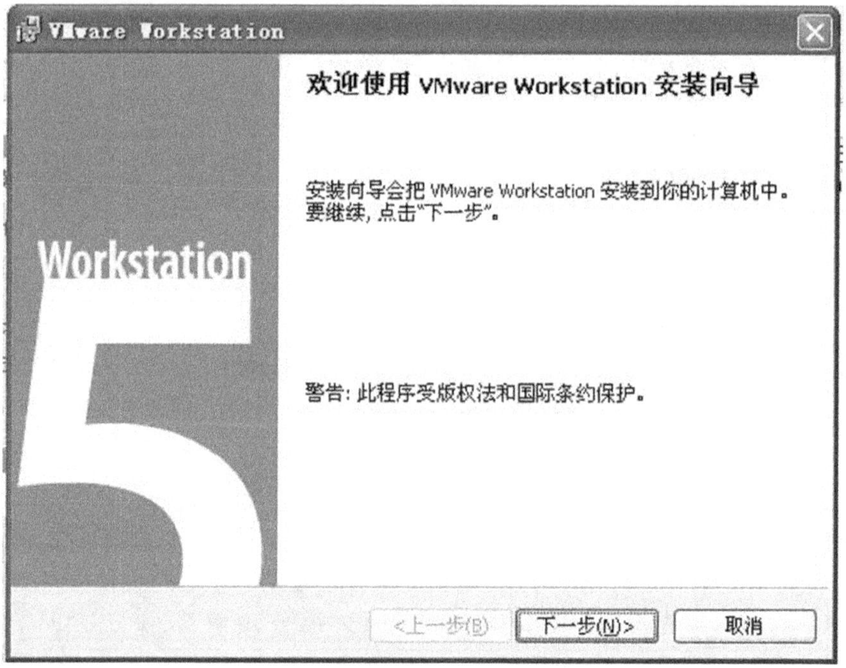

图 1-2　开始安装 VMware

如同通常的 Windows 应用程序安装，其安装过程没有什么区别。其间会出现如图 1-3 的画面。

当图 1-4 所示的画面出现，则代表安装完成。

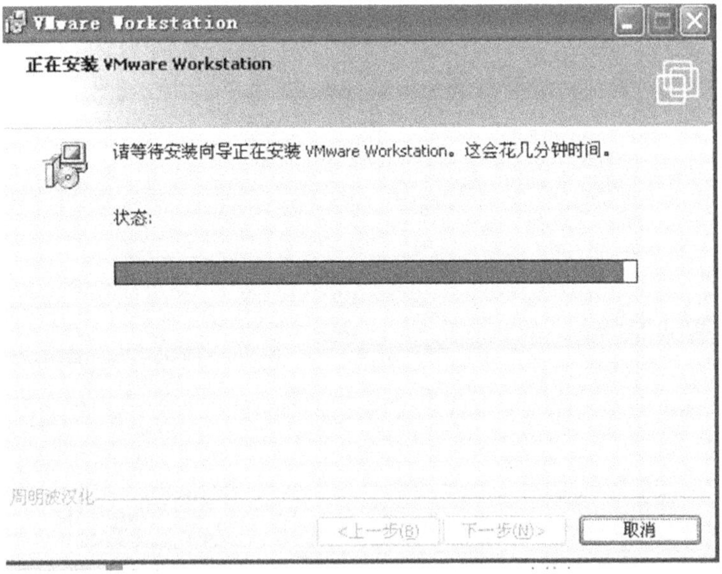

图 1-3 安装 VMware 正在进行中

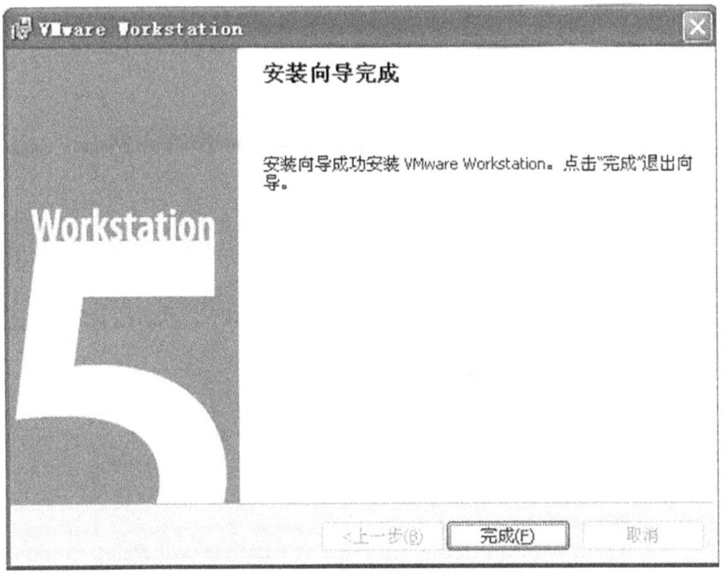

图 1-4 VMware 安装成功

(3)在虚拟机上安装 RedHat。在桌面上点击 VMware 的启动图标，然后选择新建虚拟机的操作。在“新建虚拟机向导”的引导下，创建第 1 个虚拟机。创建过程中，按照使用主机的情况，配置系统。当然，基本上可以采用向导提供的缺省值。

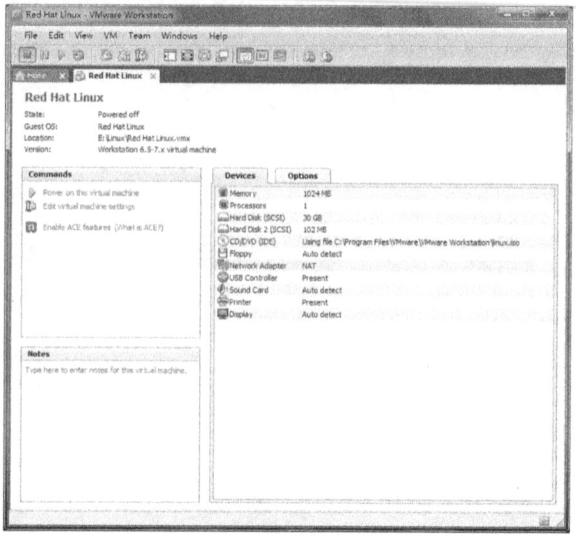

图 1-5　在 VMware 虚拟环境里安装 Linux 系统

参照图 1-5，可以看出，安装配置选择了内存、硬盘、光盘、以太网、USB 控制器和音频。特别注意，硬盘、光盘的类型应选择 IDE，以便接下来安装 Linux 系统。如图 1-6。

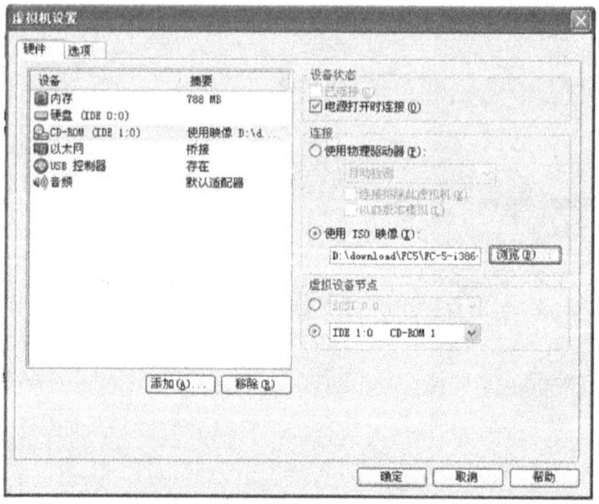

图 1-6　在虚拟环境里配置 Linux 系统

光盘配置窗口中，指定其"使用 ISO 映象"，而 ISO 文件就是"shrike-i386-disc1.iso"，即 RedHat Linux 的安装光盘。安装过程中可能需要切换 shrike-i386-disc2.iso 和 shrike-i386-disc3.iso 两张光盘。

(4)VMware 中获取 Linux 源码包。

①采用 Vmware tools 工具软件共享。

第一步,打开虚拟机 VMware,在 VM 菜单中选择 Settings 菜单项,打开对共享目录进行设置的窗口。如图 1-7 所示。

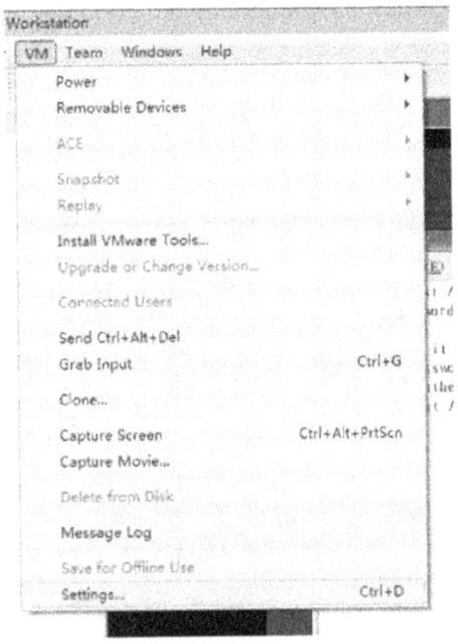

图 1-7 选择 VMware 中 VM 下 Settings 菜单

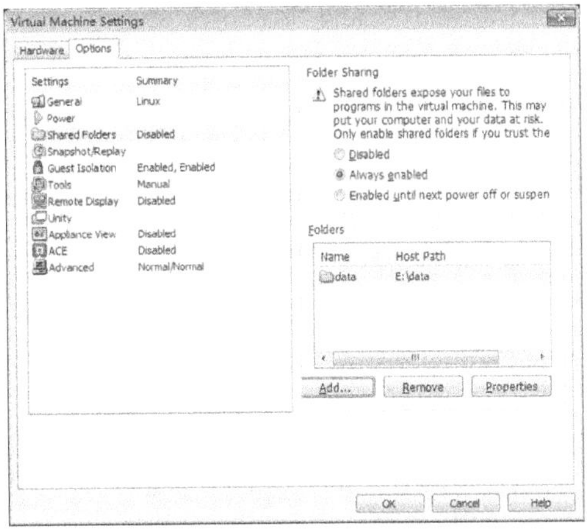

图 1-8 Settings 对话窗口

第二步,将在 Options 选项中的 Shared Folders 项目栏选中,并选择右边的单选按钮 Always enabled,点击 Add 按钮。如图 1-8 所示。

第三步,选择 windows 下的目录作为 Host Path(如 E:\data),选择 Name 中名字为 Linux 系统中的目录,此目录将出现在\mnt\hgfs\下。如图 1-9。

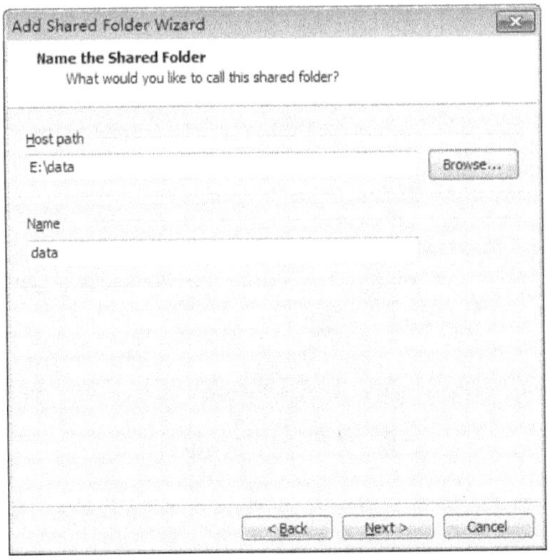

图 1-9 Shared Folders 窗口

第四步，选择 VMware 中菜单栏，并在虚拟机中运行 Linux 操作系统，以 root 用户登录。

第五步，拷贝虚拟光驱中的 vm-tool. gz 文件到 root 文件下，并解压(可直接右键菜单一解压到这里，或在终端中运行命令：

```
# cd /root
# tar-xzvf   vmtools. gz
```

第六步，运行脚本，并一直回车(使用默认值)。若遇“yes or no”，选择“yes”

```
# ./vmtools. pl
```

②使用虚拟硬盘。

第一步，打开虚拟机 VMWare，在 VM 菜单中选择 Settings 菜单项，打开对共享目录进行设置的窗口。如图 1-10 所示。

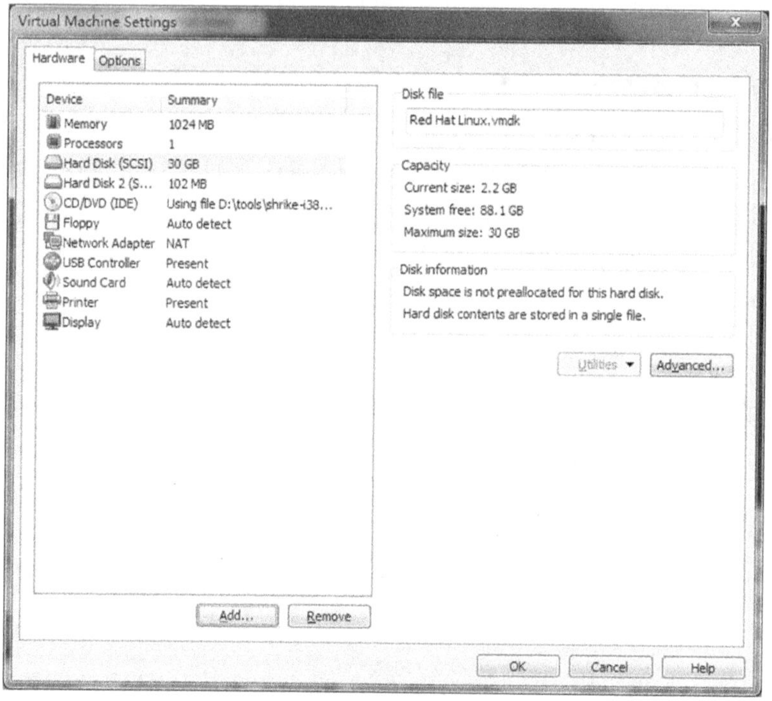

图 1-10　Settings 窗口

第二步，选择 Hard Disk 项目栏，点击 Add 按钮，系统弹出如图 1-11 所示窗口。

第三步，选择 Hard Disk，然后点击 Next 按钮。系统弹出图 1-12。选择 Use an exsiting vitural disk，即使用已有虚拟磁盘项。点击“Next”。

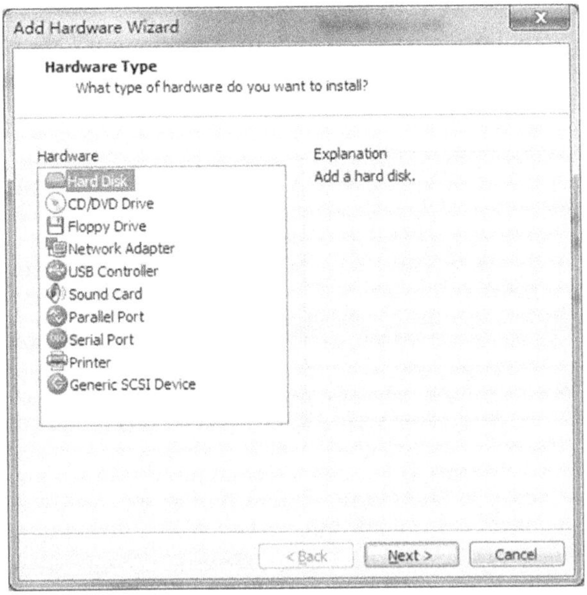

图 1-11　Add 窗口

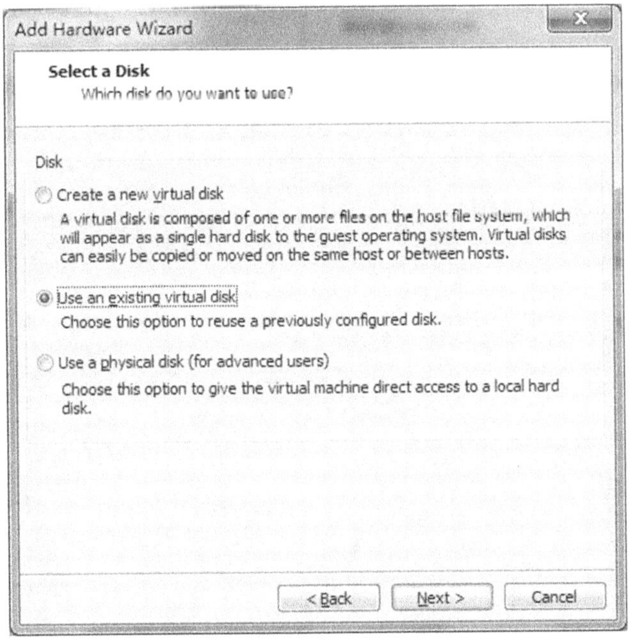

图 1-12　Add Hardware 导航窗口

第四步，选择已有源代码的虚拟磁盘文件，点击 Browse 按钮选择，如图 1-13 所示，点击“Finish”。

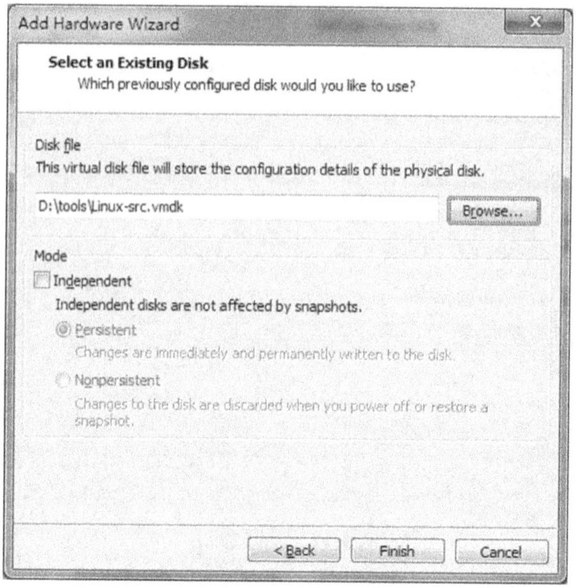

图 1-13　选择虚拟磁盘窗口

第五步，启动 Linux 系统后，首先使用 fdisk-l，浏览系统中磁盘挂载情况，并查询第二块磁盘是否已经挂载到系统，若成功会出现 Disk /dev/sdb 项。如图 1-14所示。

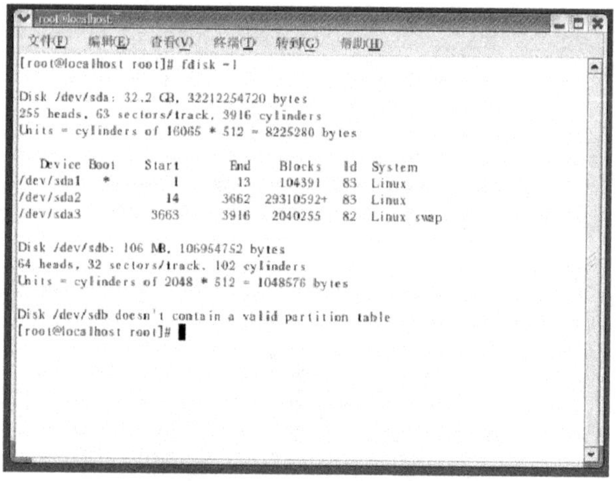

图 1-14　fdisk-l 命令结果

第六步，挂载新磁盘，并拷贝源代码压缩包。在/root 目录下，使用命令：

```
# mkdir  /usr/mydisk
# mount /dev/sdb /usr/mydisk
#  ls /usr/mydisk
# cp /usr/mydisk/*.*  /root
```

过程如图 1-15 所示。

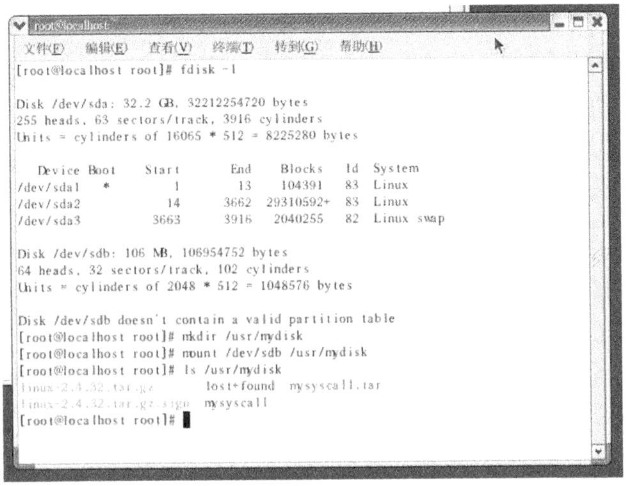

图 1-15　挂载虚拟磁盘并拷贝源文件包

二、实验目的

学习重新编译 Linux 内核，理解、掌握 Linux 内核和发行版本的区别；了解 Linux 内核的基本概念和内核模块程序的设计；通过实验，进一步熟悉 Linux 源代码的分布。

三、实验内容

uname-a 命令查看 Linux 当前内核信息，并记录下来。

将 linux-2.4.32. tar. gz 文件拷贝到\usr\src 中并解压，

运行如下命令：

```
make mrproper
make clean
make menuconfig。
```

注意以下几个一定要选上。

1. 选择处理器

Processor type and features→Processor family→386

2. Ram Disk 驱动

Block devices→

< * > RAM disk support
(4096) Default RAM disk size (NEW)
< * > Initial RAM disk (initrd) support

3. 文件系统

File systems→

[*] Ext3 journalling file system support
[*] JBD (ext3) debugging support

4. BusLogic 驱动

< * > SCSI support→

SCSI low-level drivers→ roo
< M >BusLogic SCSI support
make dep (建立编译时所需的从属文件。注意:如果内核从未编译过,此步可跳过)
make clean (清除内核编译的目标文件。注意:如果内核从未编译过,此步可跳过)
make bzImage (注意大小写。这一步才是真正编译内核)

内核编译成功后,会在/usr/src/linux/arch/i386/boot 目录中生成一个新内核的映像文件 bzImage。如果用 make zImage 编译,如内核很大,系统会提示使用 make bzImage 命令来编译,故直接用 make bzImage 来编译。

make modules (编译可加载模块)
make modules_install (安装可加载模块)

安装成功后,系统会在/lib/modules 目录下生成一个 2.4.32 子目录,里面存放着新内核的所有可加载模块。

make install (安装新内核)

注意:make install 的时候可能会出现如下错误信息:

No module BusLogic found for kernel 2.4.32 mkinitrd failed

此问题一般只出现在 SCSI 硬盘+VMWare+RedHat 架构中,因为 BusLogic 被编译进了内核而不是一个 module 的形式(2.4 内核的 Buslogic 模块即使静态编译进内核也不行)。解决方式是直接将 BusLogic.o 文件复制过去:

```
# mkdir  /lib/modules/2.4.32/kernel/drivers/scsi/
# cp /usr/src/linux-2.4.32/drivers/scsi/BusLogic.o
/lib/modules/2.4.32/kernel/drivers/scsi/
```

注意复制过后再执行一下 make install。这一步若卡住了，下面的都将无法进行。

重启系统使用 uname-a 命令查看 Linux 当前内核信息，并记录下来。

以上实验步骤仅限于信息楼实验室环境，在其他环境下，步骤中部分内容可能需要稍作修改。编译过程所需时间较久，需要耐心等待。

四、上机思考题

浏览/boot 目录，你一定发现了 System. map-2.4.325 文件，以及 initrd-2.4.32.img 文件。如果打开/boot/grub 目录下面的 grub. conf 文件，不难发现命令：

```
initrd /boot/initrd-2.4.32.img
```

这两个文件分别起什么作用？你能否设计一个实验来验证你的判断？

实验二　添加系统调用

一、预备知识

开始学习系统调用这一章之前，先来看一个简单的例子。

```
int main(){
    printf("Hello World! \n");
}
```

一个最简单的系统调用的例程：

```
#include  <linux/unistd.h> /* all system calls need this header */
int main(){
    int   i=getuid();
```

```
4:        printf("Hello World! This is my uid: %d\n", i);
5:    }
```

这是一个最简单的系统调用的例子。与上面那个传统的例子相比，在这个例子中多了两行，它们的作用分别是：

第一行：包括 unistd. h 这个头文件。所有用到系统调用的程序都需要包括它，因为系统调用中需要的参数(例如，本例中的"_NR_getuid"，以及_syscall0()函数)包含在 unistd. h 中；根据 C 语言的规定，include <linux/unistd. h>意味着/usr/include/linux 目录下整个 unistd. h 都属于 Hello World 源程序。

第三行：进行 getuid()系统调用，并将返回值赋给变量 i。

Linux 中系统调用的实现会根据不同的架构而有所变化，而且即使是在某种给定的架构上也会不同。例如，早期的 x86 处理器使用了中断机制从用户空间迁移到内核空间中，不过新的 IA-32 处理器则提供了一些指令对这种转换进行优化(使用 sysenter 和 sy＊＊＊it 指令)。由于存在大量的方法，最终结果也非常复杂。

系统调用就是用户空间应用程序和内核提供服务之间的一个接口。由于服务是在内核中提供的，因此无法执行直接调用；相反，您必须使用一个进程来跨越用户空间与内核之间的界限。在某些架构中实现此功能的方法会有所不同。因此，本实验将着眼于最通用的 i386 架构。

每个系统调用都是通过一个单一的入口点多路传入内核。eax 寄存器用来标识应当调用的某个系统调用，这在 C 库中做了指定(来自用户空间应用程序的每个调用)。当加载了系统的 C 库调用索引和参数时，就会调用一个软件中断(0x80 中断)，它将执行 system_call 函数(通过中断处理程序)，这个函数会按照 eax 内容中的标识处理所有的系统调用。在经过几个简单测试之后，使用 system_call_table 和 eax 中包含的索引来执行真正的系统调用。从系统调用中返回后，最终执行 syscall_exit，并调用 resume_userspace 返回用户空间。然后继续在 C 库中执行，它将返回到用户应用程序中。

二、实验目的

学习 Linux 内核的系统调用，理解、掌握 Linux 系统调用的实现框架、用户界面、参数传递、进入/返回过程。

三、实验内容

1. 简单系统调用的添加

题目：在现有的系统中添加一个不用传递参数的系统调用。

功能要求：调用这个系统调用，使用户的 uid 等于 0。

目的：显然这不是一个有实际意义的系统调用，但对系统调用添加过程的熟悉为下面添加更加复杂的系统调用打好基础。

本实验分两步。

第一步，在系统中添加一个不用传递参数的系统调用；执行这个系统调用，使用户的 uid 等于 0。

第二步，用 kernel module 机制，实现系统调用 mysyscall。

在对整个系统调用的过程清晰理解的基础上，根据系统调用的流程思路，现给出一个添加新的系统调用的步骤。

2. 决定系统调用的名字

这个名字即编写用户程序想使用的名字，比如 mysyscall。一旦名字确定，那么在系统调用中的几个相关名字也就确定了。系统调用的编号名字：_NR_mysyscall；内核中系统调用的实现程序的名字：sys_mysyscall。

```
#include <linux/unistd.h>
_syscall0(int,mysyscall)          /* 注意这里没有分号 */
int main()
{
mysyscall();
}
```

由于有了_syscall0 这个宏，mysyscall 将得到定义。但是现在系统会去找系统调用号，以放入 eax。所以，接下来我们定义系统调用号。

3. 添加系统调用号

系统调用号在文件 unistd.h 里面定义。这个文件在系统上可能会有两个版本：一个是 C 库文件版本，出现的地方是在/usr/include/unistd.h 和/usr/include/asm/unistd.h 中；另外还有一个版本是内核自己的 unistd.h，出现的地方是在解压出来的 2.4.32 内核代码的对应位置(比如/usr/src/linux/include/linux/unistd.h 和/usr/include/asm-i386/unistd.h)。当然，也有可能这个 C 库文件只是一个到对应内核文件的连接。现在在文件 unistd.h 中添加系统调用号：_NR_mysyscall，如下所示：

```
include/asm-i386/unistd.h
/usr/include/asm/unistd.h
```

```
231 #define _NR_mysyscall        223        /* mysyscall adds here */
```

注意：不同版本的内核系统调用号不一样，可以根据内核版本不同对系统调用号进行修改。

添加系统调用号之后，系统才能根据这个号，作为索引，去找 syscall_table 中的相应表项。

4. 在系统调用表中添加相应表项

前面提到系统调用处理程序(system_call)会根据 eax 中的索引到系统调用表(sys_call_table)中去寻找相应的表项。所以，我们必须在那里添加自己的一个值。

arch/i386/kernel/syscall_table.S

arch/i386/kernel/entry.S

```
……
233         .long sys_mysyscall
234         .long sys_gettid
235         .long sys_readahead                /* 225 */
……
```

5. sys_mysyscall 的实现

把这一小段程序添加在 kernel/sys.c 里面，而没有在 kernel 目录下另外添加自己的一个文件，这样做的目的是为了简单，而且不用修改 Makefile，省去不必要的麻烦。

```
asmlinkage int sys_mysyscall(void)
{
  current->uid=current->euid=current->suid=current->fsuid=0;
  return 0;
}
```

这个系统调用中，把标志进程身份的几个变量 uid、euid、suid 和 fsuid 都设为 0。

到这里为止，添加一个新的系统调用的所有工作就完成了。Linux 内核结构的层次性还是非常清楚的，这就使得每一个开发者可以把精力放在实现具体功能上，而不用在一些接口函数上伤脑筋。

现在所有的代码添加已经结束，要使这个系统调用真正在内核中运行起来，需要对内核进行重新编译。内核编译完成后，重新启动编译后的新内核。

6. 编写用户态程序

要测试新添加的系统调用，可以编写一个用户程序调用自己的系统调用，使得自己的 uid 变成 0。

用户态程序

```
#include <linux/unistd.h>
_syscall0(int,mysyscall)           /* 注意这里没有分号 */
int main()
{
  mysyscall();            /* 这个系统调用的作用是使得自己的 uid 为 0 */
  printf("em…, this is my uid: %d. \n", getuid());
}
```

用 gcc 编译源程序

```
# gcc-o test test.c
```

运行程序

```
# ./test
```

输出结果

```
em…, this is my uid : 0
```

第二章　进程管理

本章重点介绍 Linux 操作系统中进程管理的基本概念和相关技术，分为进程创建和进程控制。进程间通信和进程同步将在后续章节中进行介绍。

早期的计算机系统只允许一次执行一个程序。这种程序对系统拥有完全的控制权，能访问所有系统资源。现代计算机系统允许同时将多个程序或创建多个实例调入内存并发运行。这种改进需要对各种程序提供更为严格的控制和更好的划分。因而产生了进程的概念，即执行中的程序。

进程是执行中的程序，这是一种非正式的说法。进程不仅拥有程序代码，程序代码有时也称为文本段。它还包括当前活动状态，通过程序计数器(PC)的值和处理器寄存器的内容来表示。另外进程通常还包括进程堆栈段和数据段。

进程在大多数系统中是工作单元。这样的系统由一组进程组成：操作系统进程执行系统代码，用户进程执行用户代码。所有这些进程可以并发执行。

操作系统除了负责进程和线程管理外，还负责以下活动：用户进程与系统进程的创建与删除、进程调度、提供进程同步机制、进程间通信机制与进程死锁处理机制。

1. 进程的基本状态

进程在执行时会改变状态，进程状态部分由进程的当前活动定义。每个进程可能处于以下几种状态之一：

新状态(new)：进程正在被创建。

运行状态(running)：进程中指令正在被执行。

等待状态(waiting)：进程等待一定事件的出现(如 I/O 完成或收到某个信号)

就绪状态(ready)：进程等待被分配给某个处理器。

终止状态(terminal)：进程已完成执行。

2. 进程控制块

每个进程在操作系统内用进程控制块(Process Control Block，PCB)来表示，它包含与特定进程相关的许多信息。PCB 中主要包括四个方面用于描述和控制进程运行的信息。

(1)进程标识符信息。进程标识符用于唯一标志一个进程。一个进程通常有以下两种标识符。

外部标识符:由创建者提供,通常由字母、数字组成,往往是用户(进程)访问该进程时使用。外部标识符便于记忆,如:计算进程、打印进程、发送进程、接收进程等。

内部标识符:为了方便系统使用而设置的。在所有的 OS 中,都为每一个进程赋予一个唯一的整数,作为内部标识符。它通常就是一个进程的符号,为了描述进程的家族关系,还应该设置父进程标识符以及子进程标识符。还可以设置用户标识符,来指示该进程由哪个用户拥有。

(2)CPU 状态信息。CPU 状态信息主要是由处理机各种寄存器中的内容所组成。

通用寄存器,可被用户程序访问,用于暂存信息。

指令寄存器,存放要访问的下一条指令的地址。

程序状态字 PSW,其中含有状态信息(条件码、执行方式、中断屏蔽标志等)。

用户栈指针,每个用户进程有一个或若干个与之相关的系统栈,用于存放过程和系统调用参数及调用地址。栈指针指向该栈的栈顶。

(3)进程调度信息。在 PCB 中还存放了一些与进程调度和进程对换有关的信息。

进程状态,指明进程当前的状态,作为进程调度和对换时的依据。

进程优先级,用于描述进程使用处理机的优先级别的一个整数,优先级高的进程优先获得处理机。

进程调度所需要的其他信息(进程已等待 CPU 的时间总和、进程已执行的时间总和)。

事件,这是进程由执行状态转变为阻塞状态所等待发生的事件(阻塞原因)。

(4)进程上下文:是进程执行活动全过程的静态描述。包括计算机系统中与执行该进程有关的各种寄存器的值、程序段在经过编译之后形成的机器指令代码集、数据集及各种堆栈值和 PCB 结构。可按一定的执行层次组合,如用户级上下文、系统级上下文等。

Linux 中的每个进程由一个 task_struct 数据结构来描述,在 Linux 中,任务(task)、和进程(process)是两个相同的术语,task_struct 其实就是通常所说的"进程控制块"即 PCB。task_struct 容纳了一个进程的所有信息,是系统对进程进行控制的唯一手段,也是最有效的手段。

在 Linux2.4 中,Linux 为每个新创建的进程动态地分配一个 task_struct 结构。系统所允许的最大进程数是由机器所拥有的物理内存的大小决定的。Linux 支持多处理机(SMP),所以系统中允许有多个 CPU,Linux 作为多处理机操作系统时系统中允许的最大 CPU 个数为 32。和其他操作系统类似,Linux 也支持两种进程:普通进程和实时进程。实时进程具有一定程度上的紧迫性,要求对外部事件做出非常快的响应;而普通进程则没有这种限制。所以,调度程序要区分对待这两种进程,通常,实时进程要比普通进程优先运行。这两种进程的区分也反映在 task_struct 数据结构中了。总之,包含进程所有信息的 task_struct 数据结构是比较庞大的,但是该数据结构本身并不复杂,它的所有域按功能可做如下划分:

进程状态(State)

进程调度信息(Scheduling Information)

各种标识符(Identifiers)

进程通信有关信息(IPC:Inter_Process Communication)

时间和定时器信息(Times and Timers)

进程链接信息(Links)

文件系统信息(File System)

虚拟内存信息(Virtual Memory)

页面管理信息(page)

对称多处理器(SMP)信息

和处理器相关的环境(上下文)信息(Processor Specific Context)

其它信息

3. Linux 进程通讯机制

Linux 是一个多用户,多任务的操作系统。在 Linux 系统中,对各种计算机资源的分配和管理都以进程为单位。为了协调多个进程对这些共享资源的访问,操作系统要跟踪所有进程的活动,以及它们对系统资源的使用情况,从而实施对进程和资源的动态管理。进程间通讯类型如下:

(1)共享存储器系统(Shared-Memory System)。共享存储器系统:相互通讯的进程通过共享数据结构和存储区进行通讯,因而可进一步分为:

基于共享数据结构的通讯方式(低效,只适于传递少量数据)。

基于共享存储区的通讯方式。为了传送大量数据,在存储区中划出一块共享存储区,诸进程可通过对共享存储区进行读或写数据实现通讯。

(2)消息传递系统(Message passing System)。在消息传递系统中,进程间的数据交换是以消息(message,在计算机网络中又称报文)为单位。程序员直接利用系统提供的一组通讯命令(原语)来实现通讯。因其实现方法的不同,又可分为两种。

直接通信方式:发送进程直接将消息发送给接收进程,并将它挂在接收进程的消息缓冲队列上。接收进程从消息缓冲队列中取得消息。故又称为消息缓冲机制。

间接通信方式:发送进程将消息发送到某个中间实体(一般称为信箱)中,接收进程从中取得消息,所以称为信箱通讯方式,相应地系统称为电子邮件系统。

(3)管道(Pipe)通信系统。是指用于连接一个读进程和一个写进程,以实现它们之间通信的共享方式,又称 pipe 文件。向管道(共享文件)提供输入的发送进程(即写进程),以字符流形式将大量的数据送入管道;而接收管道输出的接收进程(即读进程),可从管道接收数据,由于发送和接收都是利用管道进行通信的,故称为管道通信。

实验一　Linux 进程创建

一、预备知识

1. Linux 进程基本概念

在 Linux 中,进程既是一个独立拥有资源的基本单位,又是一个独立调度的基本单位。一个进程实体由若干个区(段)组成,包括程序区、数据区、栈区、共享存储区等。每个区又分为若干页,每个进程配置有唯一的进程控制块 PCB,用于控制和管理进程。为了描述和控制进程的运行,Linux 系统为每个进程定义了一个进程控制块(PCB),它是进程实体的一部分,是操作系统管理进程最重要的数据结构。其主要包含四类信息:

(1)进程标识符。它唯一地标志一个进程。通常包括进程号 pid,父进程号 ppid 和用户号 uid。

(2)处理机状态。处理器的状态通常由处理机的各种寄存器中的内容组成。PCB 存放中断(阻塞、挂起)时的各寄存器值,当该进程重新执行时,可以从断点处恢复。主要包括:通用寄存器、指令计数器、程序状态字 PSW 和用户栈指针。

(3)进程调度信息。主要包括:进程状态、进程优先级(用于描述优先使用 cpu 级别的一个整数,高优先级的进程先得到 cpu,通常情况下,值越小优先级越高)、其他信息(等待时间、总执行时间等)、事件(等待原因)。

(4)进程控制信息。主要内容包括:程序和数据的地址(程序在内存和外存中的首址)、进程同步和通信机制、资源列表(进程除 CPU 以外的所有资源)、链接指针(进程队列中指向下一个进程的 PCB 首址)。

要了解 PCB 的具体实现形式,首先分析 Linux 进程的 task_struct 结构。

```
struct task_struct {
volatile long state;      /* -1 unrunnable, 0 runnable, >0 stopped */
unsigned long flags;      /* per process flags, defined below */
int sigpending;
mm_segment_t addr_limit;      /* thread address space:
                                 0-0xBFFFFFFF for user thread
                                 0-0xFFFFFFFF for kernel thread
                              */
struct exec_domain *exec_domain;
volatile long need_resched;
unsigned long ptrace;

int lock_depth;           /* Lock depth */
long counter;
long nice;
unsigned long policy;
struct mm_struct *mm;
int processor;
unsigned long cpus_runnable, cpus_allowed;
struct list_head run_list;
unsigned long sleep_time;

struct task_struct *next_task, *prev_task;
struct mm_struct *active_mm;
struct list_head local_pages;
unsigned int allocation_order, nr_local_pages;

/* task state */
struct linux_binfmt *binfmt;
int exit_code, exit_signal;
int pdeath_signal;  /*  The signal sent when the parent dies  */
unsigned long personality;
int did_exec:1;
unsigned task_dumpable:1;
pid_t pid;
```

```
	pid_t pgrp;
	pid_t tty_old_pgrp;
	pid_t session;
	pid_t tgid;
	int leader;
	/*
	 * pointers to (original) parent process, youngest child, younger sibling,
	 * older sibling, respectively.  (p->father can be replaced with
	 * p->p_pptr->pid)
	 */
	struct task_struct *p_opptr, *p_pptr, *p_cptr, *p_ysptr, *p_osptr;
	struct list_head thread_group;
	struct task_struct *pidhash_next;	/* PID hash table linkage. */
	struct task_struct **pidhash_pprev;

	wait_queue_head_t wait_chldexit;	/* for wait4() */
	struct completion *vfork_done;		/* for vfork() */
	unsigned long rt_priority;
	unsigned long it_real_value, it_prof_value, it_virt_value;
	unsigned long it_real_incr, it_prof_incr, it_virt_incr;
	struct timer_list real_timer;
	struct tms times;
	unsigned long start_time;
	long per_cpu_utime[NR_CPUS], per_cpu_stime[NR_CPUS];
	unsigned long min_flt, maj_flt, nswap, cmin_flt, cmaj_flt, cnswap;
	int swappable:1;
/* process credentials */
	uid_t uid,euid,suid,fsuid;
	gid_t gid,egid,sgid,fsgid;
	int ngroups;
	gid_t	groups[NGROUPS];
	kernel_cap_t	cap_effective, cap_inheritable, cap_permitted;
	int keep_capabilities:1;
	struct user_struct *user;
	struct rlimit rlim[RLIM_NLIMITS];	/* limits */
	unsigned short used_math;
	char comm[16];
```

```
/* file system info */
  int link_count, total_link_count;
  struct tty_struct *tty; /* NULL if no tty */
  unsigned int locks; /* How many file locks are being held */
/* ipc stuff */
  struct sem_undo *semundo;
  struct sem_queue *semsleeping;
  struct thread_struct thread; /* CPU-specific state of this task */
  struct fs_struct *fs; /* filesystem information */
  struct files_struct *files; /* open file information */
/* signal handlers */
…………
…………
  u32 parent_exec_id; /* Thread group tracking */
  u32 self_exec_id;
  spinlock_t alloc_lock; /* Protection of (de-)allocation: mm, files, fs, tty */
  void *journal_info; /* journalling filesystem info */
};
```

(1)进程状态(State)。进程执行时,它会根据具体情况改变状态。进程状态是调度和对换的依据。Linux 中进程的主要状态如表 2-1 所示。

表 2-1　进程状态

内核表示	含义
TASK_RUNNING	可运行
TASK_INTERRUPTIBLE	可中断的等待状态
TASK_UNINTERRUPTIBLE	不可中断的等待状态
TASK_ZOMBIE	僵死
TASK_STOPPED	暂停
TASK_SWAPPING	换入/换出

①可运行状态。处于这种状态的进程,要么正在运行、要么正准备运行。正在运行的进程就是当前进程(由 current 所指向的进程),而准备运行的进程只要得到 CPU 就可以立即投入运行,CPU 是这些进程唯一等待的系统资源。系统中有一个运行队列(run_queue),用来容纳所有处于可运行状态的进程,调度程序执行时,从中选择一个进程投入运行。在后面我们讨论进程调度的时候,可以看到运行队列

的作用。当前运行进程一直处于该队列中，也就是说，current 总是指向运行队列中的某个元素，只是具体指向谁由调度程序决定。

②等待状态。处于该状态的进程正在等待某个事件(event)或某个资源，它肯定位于系统中的某个等待队列(wait_queue)中。Linux 中处于等待状态的进程分为两种：可中断的等待状态和不可中断的等待状态。处于可中断等待态的进程可以被信号唤醒，如果收到信号，该进程就从等待状态进入可运行状态，并且加入到运行队列中，等待被调度；而处于不可中断等待态的进程是因为硬件环境不能满足而等待，例如等待特定的系统资源，它在任何情况下都不能被打断，只能用特定的方式来唤醒它，例如唤醒函数 wake_up()等。

③暂停状态。此时的进程暂时停止运行来接受某种特殊处理。通常当进程接收到 SIGSTOP、SIGTSTP、SIGTTIN 或 SIGTTOU 信号后就处于这种状态。例如，正接受调试的进程就处于这种状态。

④僵死状态。进程虽然已经终止，但由于某种原因，父进程还没有执行 wait()系统调用，终止进程的信息也还没有回收。顾名思义，处于该状态的进程就是死进程，这种进程实际上是系统中的垃圾，必须进行相应处理以释放其占用的资源。

(2)进程调度信息。调度程序利用这部分信息决定系统中哪个进程最应该运行，并结合进程的状态信息保证系统运转的公平和高效。这一部分信息通常包括进程的类别(普通进程或实时进程)、进程的优先级，等等，如表 2-2 所示。

表 2-2　进程调度信息

域名	含义
need_resched	调度标志
nice	静态优先级
counter	动态优先级
policy	调度策略
rt_priority	实时优先级

当 need_resched 被设置时，在“下一次的调度机会”就调用调度程序 schedule()。counter 代表进程剩余的时间片，是进程调度的主要依据，也可以说是进程的动态优先级，因为这个值在不断地减少；nice 是进程的静态优先级，同时也代表进程的时间片，用于对 counter 赋值，可以用 nice()系统调用改变这个值；policy 是适用于该进程的调度策略，实时进程和普通进程的调度策略是不同的；rt_priority 只对实时进程有意义，它是实时进程调度的依据。

进程的调度策略有三种，如表 2-3 所示。policy 分别为以下值时：

表 2-3　进程调度的策略

名称	解释	适用范围
SCHED_OTHER	其他调度	普通进程
SCHED_FIFO	先来先服务调度	实时进程
SCHED_RR	时间片轮转调度	

①SCHED_OTHER：这是普通的用户进程，进程的缺省类型，采用动态优先调度策略，选择进程的依据主要是进程 goodness 值的大小。这种进程在运行时，可以被高 goodness 值的进程抢先。

②SCHED_FIFO：这是一种实时进程，遵守 POSIX1. b 标准的 FIFO（先入先出）调度规则。它会一直运行，直到有一个进程因 I/O 阻塞，或者主动释放 CPU，或者是 CPU 被另一个具有更高 rt_priority 的实时进程抢先。在 Linux 实现中，SCHED_FIFO 进程仍然拥有时间片——只有当时间片用完时它们才被迫释放 CPU。因此，如同 POSIX1. b 一样，这样的进程就像没有时间片（不是采用分时）一样运行。在 Linux 中进程仍然保持对其时间片的记录（不修改 counter），主要是为了实现的方便，同时避免在调度代码的关键路径上出现条件判断语句 if (！(current－＞;policy&;SCHED_FIFO)){... }——要知道，其他大量非 FIFO 进程都需要记录时间片，这种多余的检测只会浪费 CPU 资源（有一种优化措施，不该将执行时间占 10%代码的运行时间减少到 50%；而是将执行时间占 90%代码的运行时间减少到 95%。0.9＋0.1＊0.5＝0.95＞;0.1＋0.9＊0.9＝0.91）。

③SCHED_RR：这也是一种实时进程，遵守 POSIX1. b 标准的 RR（循环 round-robin）调度规则。除了时间片有些不同外，这种策略与 SCHED_FIFO 类似。当 SCHED_RR 进程的时间片用完后，就被放到 SCHED_FIFO 和 SCHED_RR 队列的末尾。只要系统中有一个实时进程在运行，则任何 SCHED_OTHER 进程都不能在任何 CPU 运行。每个实时进程有一个 rt_priority，因此，可以按照 rt_priority 在所有 SCHED_RR 进程之间分配 CPU。其作用与 SCHED_OTHER 进程的 priority 作用一样。只有 root 用户能够用系统调用 sched_setscheduler 来改变当前进程的类型（sys_nice，sys_setpriority）。此外，内核还定义了 SCHED_YIELD，这并不是一种调度策略，而是截取调度策略的一个附加位。如同前面说明的一样，如果有其他进程需要 CPU，它就提示调度程序释放 CPU。特别要注意的就是这甚至会引起实时进程把 CPU 释放给非实时进程。只有 root 用户能通过 sched_setscheduler 系统调用来改变调度策略。

(3)标识符(Identifiers)。每个进程有进程标识符、用户标识符、组标识符。不管是对内核还是对普通用户来说，怎么用一种简单的方式识别不同的进程是一个问题。这就引入了进程标识符（PID：process identifier），每个进程都有一个唯一的标识符，内核通过这个标识符来识别不同的进程，同时，进程标识符 PID 也是内核提供给用户程序的接口，用户程序通过 PID 对进程发号施令。PID 是 32 位的无符号整数，它被顺序编号：新创建进程的 PID 通常是前一个进程的 PID 加 1。不过，为了与 16 位硬件平台的传统 Linux 系统保持兼容，在 Linux 上允许最大 PID 号是 32767，当内核在系统中创建第 32768 个进程时，就必须重新开始使用已闲置的 PID 号。

另外，每个进程都属于某个用户组。task_struct 结构中定义有用户标识符和组标识符。它们同样是简单的数字，这两种标识符用于系统的安全控制。系统通过这两种标识符控制进程对系统中文件和设备的访问，其他几个标识符将在文件系统中讨论。

（4）进程通信有关信息（IPC：Inter_Process Communication）。

为了使进程能在同一项任务上协调工作，进程之间必须能进行通信即交流数据。Linux 支持多种不同形式的通信机制。它支持典型的 Unix 通信机制（IPC Mechanisms）：信号（Signals）、管道（Pipes），也支持 System V 通信机制：共享内存（Shared Memory）、信号量和消息队列（Message Queues）。

（5）进程链接信息（Links）。程序创建的进程具有父子关系。因为一个进程能创建几个子进程，而子进程之间有兄弟关系，故在 task_struct 结构中用几个域来表示这种关系。

在 Linux 系统中，除了初始化进程 init，其他进程都有一个父进程（parent process）或称为双亲进程。可以通过 fork（）或 clone（）系统调用来创建子进程，除了进程标识符（PID）等必要的信息外，子进程的 task_struct 结构中的绝大部分的信息都是从父进程中拷贝，或说“克隆”过来的。系统有必要记录这种“亲属”关系，使进程之间的协作更加方便，例如父进程给子进程发送杀死（kill）信号、父子进程通信等，就可以利用这种关系很方便地实现。

每个进程的 task_struct 结构有许多指针，通过这些指针，系统中所有进程的 task_struct 结构就构成了一棵进程树，这棵进程树的根就是初始化进程 init 的 task_struct 结构（init 进程是 Linux 内核建立起来后人为创建的一个进程，是所有进程的祖先进程）。具体关系如表 2-4 所示。

表 2-4　进程链接信息

名称	中文解释(指向哪个进程)
p_opptr	祖先
p_pptr	父进程
p_cptr	子进程
p_ysptr	弟进程
p_osptr	兄进程
pidhash_next、pidhash_pprev	进程在哈希表中的链接
next_task、prev_task	进程在双向循环链表中的链接
run_list	运行队列的链表

(6)时间和定时器信息(Times and Timers)。一个进程从创建到终止叫做该进程的生存期(lifetime)。进程在其生存期内使用 CPU 的时间,内核都要进行记录,以便进行统计、计费等有关操作。进程耗费 CPU 的时间由两部分组成:一是在用户模式(或称为用户态)下耗费的时间,一是在系统模式(或称为系统态)下耗费的时间。每个时钟滴答,也就是每个时钟中断,内核都要更新当前进程耗费 CPU 的时间信息。

"时间"对操作系统是极其重要的。读者可能了解计算机时间的相关知识,例如 8353/8254 这些物理器件,INT 08、INT 1C 等时钟中断等,可能有过编程序时截获时钟中断的成就感,不管怎样,下一章我们将用较大的篇幅尽可能向读者解释清楚操作系统怎样建立完整的时间机制、并在这种机制的激励下进行调度等活动。

建立了"时间"的概念,"定时"就变得轻而易举了,它无非是判断系统时间是否到达某个时刻,然后执行相关的操作而已。Linux 提供了许多种定时方式,用户可以灵活使用这些方式来为自己的程序定时。其中,

start_time:进程创建时间。

per_cpu_utime:进程在某个 CPU 上运行时在用户态下耗费的时间。

per_cpu_stime:进程在某个 CPU 上运行时在系统态下耗费的时间。

counter:进程剩余的时间片。

进程有三种类型的定时器:实时定时器、虚拟定时器和概况定时器。这三种定时器共有三个特征:到期时间、定时间隔、要触发的事件。到期时间就是定时器到什么时候完成定时操作,从而触发相应的事件。定时间隔就是两次定时操作的时间间隔,它决定了定时操作是否继续进行。如果定时间隔大于 0,则在定时器到期

时，该定时器的到期时间被重新赋值，使定时操作继续进行下去，直到进程结束或停止使用定时器。只不过对不同的定时器，到期时间的重新赋值操作是不同的。Linux 所有的时间应用都建立在 jiffies 之上。虚拟定时器和概况定时器到期时由内核发送相应的信号，而实时定时器比较特殊，它由内核机制提供支持。

每个时钟中断发生时，当前进程所有和时间有关的信息都要更新：当前进程耗费的 CPU 时间要更新，以便于最后的计费；时间片计数器 counter 要更新，如果 counter≤0，则要执行调度程序；进程申请的延时要更新，如果延时时间到了，则唤醒该进程；所有的定时器都要更新，Linux 内核检测这些定时器是否到期，如果到期，则执行相应的操作。在这里，"更新"的具体操作是不同的：对 counter，内核要对它减值，而对于所有的定时器，就要检测它的值，内核把系统当前时间与其到期时间作一比较，如果到期时间小于系统时间，则表示该定时器到期。

Linux 内核对这三种定时器的处理是不同的，虚拟定时器和概况定时器到期时，内核向当前进程发送相应的信号：SIGVTALRM、SIGPROF；而实时定时器要执行的操作由 real_timer 决定，real_timer 是 timer_list 类型的变量（定义：struct timer_list real_timer），其中容纳了实时定时器的到期时间、定时间隔等信息。

(7)文件系统信息（File System）。进程可以打开或关闭文件，文件属于系统资源，Linux 内核要对进程使用文件的情况进行记录。task_struct 结构中有两个数据结构用于描述进程与文件相关的信息。其中，fs_struct 中描述了两个 VFS 索引节点（VFS inode），这两个索引节点叫做 root 和 pwd，分别指向进程的可执行映象所对应的根目录（home directory）和当前目录或工作目录。file_struct 结构用来记录了进程打开的文件的描述符（descriptor）。在文件系统中，每个 VFS 索引节点唯一地描述一个文件或目录，同时该节点也是向更低层的文件系统提供统一的接口。

(8)虚拟内存信息（Virtual Memory）。除了内核线程（kernel thread），每个进程都拥有自己的地址空间（也叫虚拟空间），用 mm_struct 来描述。另外 Linux2.4 还引入了另外一个域 active_mm，这是为内核线程引入的。因为内核线程没有自己的地址空间，为了让内核线程与普通进程具有统一的上下文切换方式，当内核线程进行上下文切换时，让切换进来的线程的 active_mm 指向刚被调度出去的进程的 active_mm（如果进程的 mm 域不为空，则其 active_mm 域与 mm 域相同）。

```
struct mm_struct  * mm; /* 描述进程的地址空间 */
struct mm_struct  * active_mm; /* 内核线程所借用的地址空间 */
```

(9)页面管理信息。当物理内存不足时，Linux 内存管理子系统需要把内存中的部分页面交换到外存，其交换是以页为单位的。

```
int swappable; /* 进程占用的内存页面是否可换出 */
```

unsigned long min_flat, maj_flt, nswap; /* 进程累计的次(minor)缺页次数、主(major)次数及累计换出、换入页面数 */

unsigned long cmin_flat, cmaj_flt, cnswap; /* 本进程作为祖先进程,其所有层次子进程的累计的次(minor)缺页次数、主(major)次数及累计换出、换入页面 */

(10)对称多处理机(SMP)信息。Linux2.4 对 SMP 进行了全面的支持,其中多处理机相关的几个域。

int has_cpu; /* 进程是否当前拥有 CPU */

int processor; /* 进程当前正在使用的 CPU */

int lock_depth; /* 上下文切换时内核锁的深度 */

(11)和处理器相关的环境(上下文)信息(Processor Specific Context)。这里要特别注意标题:和"处理器"相关的环境信息。进程作为一个执行环境的综合,当系统调度某个进程执行,即为该进程建立完整的环境时,处理器(processor)的寄存器、堆栈等是必不可少的。因为不同的处理器对内部寄存器和堆栈的定义不尽相同,所以叫做"和处理器相关的环境",也叫做"处理机状态"。当进程暂时停止运行时,处理机状态必须保存在进程的 task_struct 结构中,当进程被调度重新运行时再从中恢复这些环境,也就是恢复这些寄存器和堆栈的值。

(12)其他。

struct wait_queue *wait_chldexit; /* 在进程结束时,或发出系统调用 wait4 时,为了等待子进程的结束,而将自己(父进程)睡眠在该等待队列上,设置状态标志为 TASK_INTERRUPTIBLE,并且把控制权转给调度程序。 */

struct rlimit rlim[RLIM_NLIMITS]; /* 每一个进程可以通过系统调用 setlimit 和 getlimit 来限制它资源的使用。 */

int exit_code exit_signal; /* 程序的返回代码以及程序异常终止产生的信号,这些数据由父进程(子进程完成后)轮流查询。 */

char comm[16]; /* 这个域存储进程执行程序的名字,这个名字用在调试中。

unsigned long personality; /* Linux 可以运行 X86 平台上其它 Unix 操作系统生成的符合 iBCS2 标准的程序, personality 进一步描述进程执行的程序属于何种 Unix 平台的"个性"信息。 */

int did_exec : 1; /* 按 POSIX 要求设计的布尔量,区分进程正在执行老程序代码,还是用系统调用 execve()装入一个新的程序。 */

struct linux_binfmt *binfmt; /* 指向进程所属的全局执行文件格式结构,共有 a.out、script、elf、java 等四种。 */

2. Linux 进程创建过程

在 Linux 系统中,只有 0 进程是在系统引导时被创建的,在系统初启时由 0 进程创建1进程，以后0进程变成对换进程，1进程成为系统中的始祖进程。Linux利用fork()为每个终端创建一个子进程为用户服务，如等待用户登录、执行SHELL命令解释程序等，每个终端进程又可利用fork()来创建其子进程，从而形成一棵进程树。可以说，系统中除0进程外的所有进程都是用fork()创建的。

fork()函数的主要功能是创建一个新的子进程。其子进程会复制父进程的数据与堆栈空间，并继承父进程的用户代码、组代码、环境变量、已打开的文件代码、工作目录和资源限制。如果fork成功则在父进程会返回新建立的子进程代码(PID)，而在新建立的子进程中则返回0。如果fork失败则直接返回－1。

Linux中通常采用两个关键的系统调用fork和exec来创建进程，它们的区别如下：当一个程序调用fork函数，系统让新的进程与旧的进程使用同一个代码段，因为它们的程序还是相同的。对于数据段和堆栈段，系统则复制一份给新的进程，这样，父进程的所有数据都可以留给子进程。但是，子进程一旦开始运行，虽然它继承了父进程的一切数据，但实际上数据已经分开，相互之间不再有影响了，也就是说，它们之间不再共享任何数据了。而如果两个进程要共享什么数据的话，就要使用另一套函数(shmget，shmat，shmdt等)来操作。现在，父子已经是两个进程了，对于父进程，fork函数返回了子程序的进程号，而对于子程序，fork函数则返回零。这样，对于程序而言，只要判断fork函数的返回值，就知道当前是处于父进程还是子进程中。

而当一个进程调用exec类函数，它本身就“死亡”了，系统把代码段替换成新的程序的代码，废弃原有的数据段和堆栈段，并为新程序分配新的数据段与堆栈段，唯一留下的，就是进程号，也就是说，对系统而言，还是同一个进程，只不过已经是另一个程序了。

3. 进程创建流程

(1)申请空白PCB。为新进程申请获得唯一的数字标识符，并从PCB集合中索取一个空白PCB。如果无空白PCB，可以新创建一个PCB。在本实验中，每次均动态创建PCB。

(2)为新进程分配资源。为新进程分配内存空间和栈空间。

(3)初始化进程控制块。该部分共分为：初始化标识信息、初始化处理机状态信息、初始化处理机控制信息。

(4)将新进程插入就绪队列。进程树用于描述进程家族关系，如图2-1中可以看出，进程P1创建了进程P2、P3、P4、P5，而P2又创建了P6、P7、P8……。在进程创建过程中，需要把每一个新增加的进程加入到进程树中，有了清晰的父子关系，可以使资源继承或进程删除等操作更为方便。

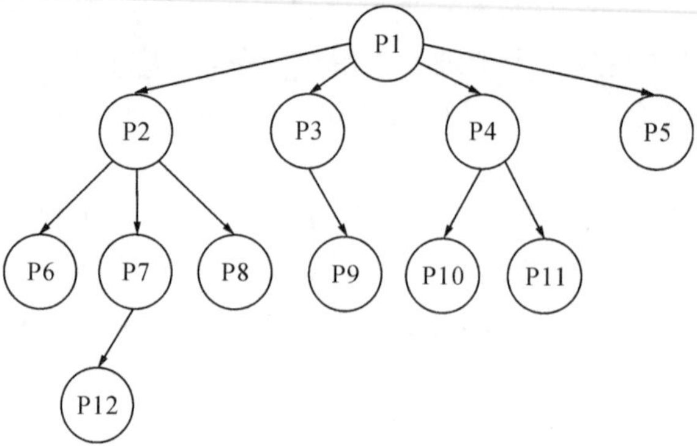

图 2-1　进程树

二、实验目的

1. 掌握进程的概念，明确进程和程序的区别。

2. 进一步认识并发执行的实质。

三、实验内容

1. 进程的创建

编写一段源程序，使系统调用 fork()创建两个子进程，当此程序运行时，在系统中有一个父进程和两个子进程活动。让每一个进程在屏幕上显示一个字符：父进程显示字符“a”；子进程分别显示字符“b”和字符“c”。试观察纪录屏幕上的显示结果，并分析原因。

参考程序如下：

```
# include<unistd.h>
# include<stdio.h>
main()
{ int  pid1, pid2;
while((pid1=fork())==-1);
  if(pid1==0)
  putchar('c');
else
   { while((pid2=fork())==-1);
     if(pid2==0)
     putchar('b');
     else
```

```
    putchar('a');
   }
  }
```

2. 修改程序

修改已编写的程序,将每个进程的输出由单个字符改为一句话,再观察程序执行时屏幕上出现的现象,并分析其原因。

参考程序如下:

```
# include<unistd.h>
# include<stdio.h>
main()
{ int  pid1, pid2, i;
   while((pid1=fork())==-1);
   if(pid1==0)
     for(i=0;i<100;i++)
       printf("child%d\n",i);
   else
    { while((pid2=fork())==-1);
      if(pid2==0)
         for(i=0;i<100;i++)
           printf("son%d\n",i);
      else
         for(i=0;i<100;i++)
         printf("father%d\n",i);
     }
}
```

3. 父进程创建子进程

实现父进程创建一个子进程,返回后父子进程分别循环输出字符串"The parent process."及"The child process."5 次,每次输出后使用 sleep(1)延时一秒,然后再进入下一次循环。给出源程序代码和运行结果。

程序代码:

```
# include<unistd.h>
#include<stdio.h>
main()
{
int p,i;
```

```
while((p=fork())==-1);          //创建子进程直至成功
if(p==0)                        //子进程返回
{
      for(i=0;i<5;i++)
      {
           printf("The child process! \n");
           sleep(1);             //延时 1 秒
      }
}
else{                           //父进程返回
      for(i=0;i<5;i++)
      {
           printf("The parent process! \n");
           sleep(1);             //延时 1 秒
      }
}
}
```

4. 编写程序创建进程树

具体进程树如图 2-2 和图 2-3 所示，在每个进程中显示当前进程标识和父进程标识。

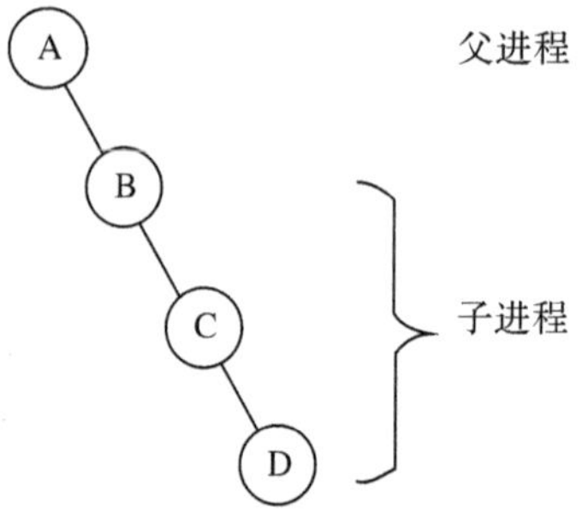

图 2-2　进程树

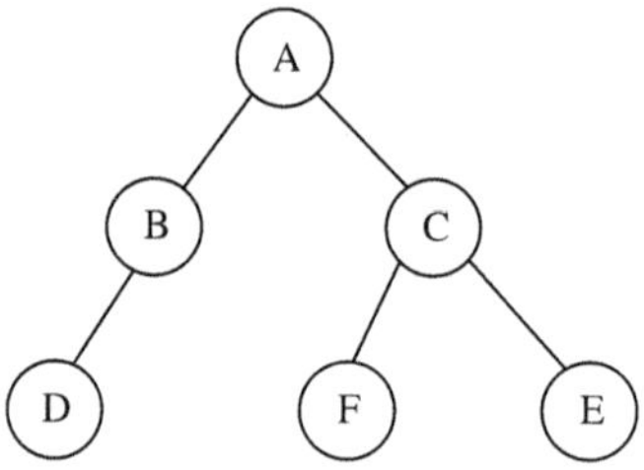

图 2-3　进程树

四、上机思考题

1. 系统是怎样创建进程的？
2. 可执行文件加载时进行了哪些处理？
3. 当首次调用新创建进程时，其入口在哪里？

实验二 Linux进程间通信——1管道通信和消息传递

Linux系统的进程间通信机构(IPC)允许在任意进程间大批量地交换数据。本实验的目的是了解和熟悉Linux支持的信号量机制、管道机制、消息通信机制及共享存储区机制。

一、预备知识

Linux中进程通信的主要方式包括三种。

1. 管道通信

最简单的Linux进程间的通信机制是管道,管道由特殊文件来表示。

在Linux Shell中,符号"|"可以创建管道,例如ls | less。

管道具有的特点:半双工,数据只能在一个方向上流动。只能在具有家族关系的进程中使用。虽然称做文件,但不属于文件系统,只存在于内存中。只能从一端写入,从另一端读出。没有名字管道的缓冲区是有限的,在管道创建时,为其分配一个页面大小。写入管道的数据,读完之后就从管道中消失。

创建管道的函数:#include <unistd. h>

int pipe(int fildes[2]);

该函数创建了一个通信缓冲区,程序可以通过文件描述符fildes[0]和fildes[1]来访问这个缓冲区。写入管道的数据可以按先进先出的顺序从管道中读出。

返回值:0,成功;-1,失败并设置errno。

例如:进程在运行中创建子进程,父进程利用管道向子进程发送信息,子进程从管道读出信息,并显示。

```
#include <stdlib.h>
#include <stdio.h>
#include <unistd.h>
int main ()
{
  int fds[2],len;
  pid_t pid;
  static char ss[]="hello,world!";
  char output[255];
```

```
    /* Create a pipe. File descriptors for the two ends of the pipe are placed in
    fds. */
    pipe (fds);
    /* Fork a child process. */
    pid=fork ();
    if (pid == 0)
    {

        /* This is the child process. Close our copy of the write end of the file descriptor. */
        close (fds[1]);
        len=read (fds[0],output,255);
        close (fds[0]);
        fprintf(stderr,"%s\n",output);

}
else
        {

        /* This is the parent process. */
        /* Close our copy of the read end of the file descriptor. */
        close (fds[0]);
        write(fds[1],ss,sizeof(ss));
        close (fds[1]);
        wait(NULL);
        }
return 0;
}
```

2. 消息队列

消息队列(Message Queue)允许一个或多个进程向它写入或读取消息,从而实现进程之间消息传递。消息队列是消息的链表,存放在内核中并由消息队列标识符标识,该标识符又称为消息队列 ID。

目前主要有两种类型的消息队列:POSIX 消息队列以及系统 V 消息队列,系统 V 消息队列目前被大量使用。考虑到程序的可移植性,新开发的应用程序应尽量使用系统 V 消息队列。

系统 V 消息队列是随内核持续的,只有在内核重启或者显式删除一个消息队列时,该消息队列才会真正被删除。因此系统中记录消息队列的数据结构位于内核中,系统中的所有消息队列都可以在该数据结构中找到访问入口。

消息队列的数据结构定义在 sys/msg.h 中。

```
struct msqid_ds {
  struct ipc_perm   msg_perm;   //读写权限
  struct msg     * msg_first;   //指向队列中第一个消息的指针
  struct msg     * msg_last;    //指向队列中最后一个消息的指针
  msglen_t      msg_cbytes;   //队列中当前的字节数
  msgqnum_t    msg_qnum;    //队列中当前的消息数
  msglen_t      msg_qbytes;   //队列中允许的最大字节数
  pid_t        msg_lspid;    //上一次发送消息的进程 ID
  pid_t        msg_lrpid;    //上一次接收消息的进程 ID
  time_t       msg_stime;    //上一次发送消息的时间
  time_t       msg_rstime;   //上一次接收消息的时间
  time_t       msg_ctime;    //上一次修改队列信息的时间
}
ipc_perm 的结构:
struct ipc_perm   {
  uid_t       uid;   //ower's user id
  gid_t         gid;   //ower's group id
  uid_t       cuid;   //creater's user id
  gid_t         cgid;   //creater's group id
  mode_t       mode;   //read write permissions
  ulong_t      seq;   //slot usage sequence number
  key_t         key;   //IPC  key
}
```

消息队列就是一个消息的链表。每个消息队列都有一个队列头,用结构 struct msqid_ds 来描述。队列头中包含了该消息队列的大量信息,包括消息队列键值、用户 ID、组 ID、消息队列中消息数目,等等,甚至记录了最近对消息队列读写进程的 ID。读者可以访问这些信息,也可以设置其中的某些信息。

对消息队列的操作有下面三种类型。

(1)打开或创建消息队列。消息队列的内核持续性要求每个消息队列都在系统范围内对应唯一的键值,所以,要获得一个消息队列的描述字,只需提供该消息队列的键值即可。

消息队列描述字是由在系统范围内唯一的键值生成的,而键值可以看作对应系统内的一条路径。

(2)读写操作。消息读写操作非常简单,对开发人员来说,每个消息都类似如下的数据结构。

```
struct msgbuf{
long mtype;
char mtext[1];
}
```

mtype 成员代表消息类型,从消息队列中读取消息的一个重要依据就是消息的类型;mtext 是消息内容,当然长度不一定为 1。因此,对于发送消息来说,首先预置一个 msgbuf 缓冲区并写入消息类型和内容,调用相应的发送函数即可;对读取消息来说,首先分配这样一个 msgbuf 缓冲区,然后把消息读入该缓冲区即可。

(3)获得或设置消息队列属性。消息队列的信息基本上都保存在消息队列头中,因此,可以分配一个类似于消息队列头的结构(struct msqid_ds),来返回消息队列的属性;同样可以设置该数据结构。

结构 msg_queue 用来描述消息队列头,存在于系统空间:

```
struct msg_queue {
struct kern_ipc_perm q_perm;
time_t q_stime;            /* last msgsnd time */
time_t q_rtime;            /* last msgrcv time */
time_t q_ctime;            /* last change time */
unsigned long q_cbytes;      /* current number of bytes on queue */
unsigned long q_qnum;         /* number of messages in queue */
unsigned long q_qbytes;      /* max number of bytes on queue */
pid_t q_lspid;             /* pid of last msgsnd */
pid_t q_lrpid;             /* last receive pid */
struct list_head q_messages;
struct list_head q_receivers;
struct list_head q_senders;
}
```

结构 msqid_ds 用来设置或返回消息队列的信息,存在于用户空间;

```
struct msqid_ds {
    struct ipc_perm msg_perm;
    struct msg *msg_first;        /* first message on queue,unused  */
    struct msg *msg_last;         /* last message in queue,unused */
    _kernel_time_t msg_stime;   /* last msgsnd time */
```

```
    _kernel_time_t msg_rtime;   /* last msgrcv time */
    _kernel_time_t msg_ctime;   /* last change time */
    unsigned long   msg_lcbytes; /* Reuse junk fields for 32 bit */
    unsigned long   msg_lqbytes; /* ditto */
    unsigned short msg_cbytes;   /* current number of bytes on queue */
    unsigned short msg_qnum;      /* number of messages in queue */
    unsigned short msg_qbytes;   /* max number of bytes on queue */
    _kernel_ipc_pid_t msg_lspid;   /* pid of last msgsnd */
    _kernel_ipc_pid_t msg_lrpid;   /* last receive pid */
}
```

当创建一个消息队列时，需传递给 msgget 函数一个键值，类型是 key_t，通常是至少 32 位的整数，这个键值通常由 ftok 函数生成。或者是在创建消息队列时，传递给 msgget 函数一个特殊的键值 IPC_PRIVATE。

①文件名到键值。

头文件<sys/types.h>中定义了 key_t 数据类型

```
#include <sys/types.h>
#include <sys/ipc.h>
key_t ftok (const char * pathname, int id);
```

函数根据 pathname 和 id 的低 8 位值，生成一个键值。返回与路径 pathname 相对应的一个键值。该函数不直接对消息队列操作，但在 msgget()来获得消息队列描述字前，往往要调用该函数。

②msgget 函数。功能：新建或获取一个已经存在的消息队列的访问。

```
#include <sys/types.h>
#include <sys/ipc.h>
#include <sys/msg.h>
int  msgget(key_t key, int oflag);
```

参数 key 是一个键值，由 ftok 获得或者是 IPC_PRIVATE；oflag 参数是一些标志位。该调用返回与健值 key 相对应的消息队列描述字。该描述字将被其它的消息队列函数使用。

参数 oflag 可以为以下：IPC_CREAT、IPC_EXCL。

将参数 oflag 设置为 IPC_CREAT，表示若没有与键值 key 相对应的消息队列存在，则创建队列，若队列已经存在，则返回队列的描述字。

若同时设置 IPC_CREAT 和 IPC_EXCL，表示若没有与键值 key 相对应的消息队列存在，则创建队列，若队列已经存在，则返回一个 EEXIST 错误。

在以下两种情况下，该调用将创建一个新的消息队列：

如果没有消息队列与健值 key 相对应，并且 oflag 中包含了 IPC_CREAT 标志位；

key 参数为 IPC_PRIVATE；调用返回：成功返回消息队列描述字，否则返回 −1。

参数 key 设置成常数 IPC_PRIVATE 并不意味着其他进程不能访问该消息队列，只意味着即将创建新的消息队列。当一个消息队列创建成功后，msqid_ds 结构被初始化。

③发送消息。

消息数据结构：

在<sys/msg.h>中有消息模板数据结构的定义

```
struct msgbuf {
long mtype;    //消息的类型，必须>0
char mtext[1];//消息数据，消息的长度可根据需要定义，不一定是 1
}
```

大多数应用可以根据需要定义自己的消息数据结构，不必局限于模板的定义。

例如：

```
#defime MY_DATA 8
typedef struct my_msgbuf  {
  long mtype;
  int16_t mshort;
  char mchar[MY_DATA];
}Message;
```

发送消息的系统调用：

```
#include <sys/msg.h>
int msgsnd(int msqid, const void *ptr, size_t length, int flag);
```

向 msgid 代表的消息队列发送一个消息，即将发送的消息存储在 ptr 指向的 msgbuf 结构中，消息的大小由 length 指定。对发送消息来说，有意义的 flag 标志为 IPC_NOWAIT，指明在消息队列没有足够空间容纳要发送的消息时，msgsnd 是否等待。造成 msgsnd()等待的条件有两种：(1)当前消息的大小与当前消息队列中的字节数之和超过了消息队列的总容量；(2)系统中的消息数太多。若上述两个条件之一满足，且定义了 flag 标志为 IPC_NOWAIT，调用返回一个错误 EAGAIN，否则，阻塞进程，直到阻塞被解除。

④接收消息。

```
#include <sys/msg.h>
ssize_t msgrcv(int msqid, void * ptr, size_t length, long type, int flag);
```

该系统调用从msgid代表的消息队列中读取一个消息，并把消息存储在ptr指向的msgbuf结构中。

msqid为消息队列描述字；消息返回后存储在ptr指向的地址，length指定msgbuf的数据成员的长度(即消息内容的长度)，type为请求读取的消息类型，若type=0，返回队列中的第一个消息；若＞0，则返回队列中第一个type值等于该值的消息，若＜0，返回最小的type值小于或等于该值绝对值的第一个消息。读消息标志flag，定义了当一个请求消息类型不在队列中时，应该怎样处理。可以为以下几个常量的域：

IPC_NOWAIT 如果没有满足条件的消息，调用立即返回，此时，errno＝ENOMSG；否则阻塞进程，直到解除阻塞。

与msgsnd解除阻塞的条件类似，msgrcv()解除阻塞的条件也有三个：消息队列中有了满足条件的消息；msqid代表的消息队列被删除；调用msgrcv()的进程被信号中断；

MSG_NOERROR 如果队列中满足条件的消息内容大于所请求的length字节，则把该消息截断，截断部分将丢失。否则，将返回错误E2BUG。

调用返回：成功返回读出消息的实际字节数，否则返回－1。

⑤msgctl函数。该函数提供了对消息队列的各种控制操作。

```
#include <sys/msg.h>
int msgctl(int msqid, int cmd, struct msqid_ds * buff);
```

该系统调用对由msqid标识的消息队列执行cmd操作，共有三种cmd操作：IPC_STAT、IPC_SET 、IPC_RMID。

IPC_STAT：该命令用来获取消息队列信息，返回的信息存贮在buff指向的msqid_ds结构中；

IPC_SET：该命令用来设置消息队列的属性，要设置的属性存储在buff指向的msqid结构中；可设置属性包括：msg_perm.uid、msg_perm.gid、msg_perm.mode以及msg_qbytes，同时，也影响msg_ctime成员。

IPC_RMID：删除msqid标识的消息队列；对于这个命令选项，第三个参数忽略(NULL)。

调用返回：成功返回0，否则返回－1。

二、实验目的

1. 熟悉有关 Linux 中进程通信的系统调用。
2. 学习有关 Linux 的进程创建，理解进程创建后两个并发进程的执行。
3. 掌握管道、消息缓冲等进程通信方法并了解其特点和使用限制。

三、实验内容

1. Linux 消息缓冲通信

编写一个程序，实现以下功能。给出源程序代码和运行结果。父进程创建一个消息队列和一个子进程，由子进程发送消息，父进程等待子进程结束后接收子进程发来的消息，并显示消息内容。以“end”作为结束消息。

程序代码：

```
#include<stdio.h>
#include<stdlib.h>
#include<string.h>
#include<unistd.h>
#include<sys/types.h>
#include<linux/msg.h>
#define  MAXMSG  512                    //定义消息长度
struct  my_msg                          //定义消息缓冲区数据结构
{
  long int my_msg_type;
  char some_text[MAXMSG];
}msg;
main()
{
  int p;
  int  msgid;                           //定义消息缓冲区内部标识
  char buffer[BUFSIZ];                  //定义用户缓冲区
  msgid=msgget(1234,0666|IPC_CREAT);    //创建消息队列,key 为 1234
  long  int  msg_to_receive=0;
  while((p=fork())==-1);
  if(p==0){
      while(1)
      {
          puts("Enter some text:");     //提示键入消息内容
```

```
            fgets(buffer,BUFSIZ,stdin);              //标准输入送 buffer
            msg.my_msg_type=1;                       //设置消息类型为 1
            strcpy(msg.some_text,buffer);            //buffer 送消息缓冲
            msgsnd (msgid,&msg,MAXMSG,0);            //发送消息到消息队列
            if(strncmp(msg.some_text,"end",3)==0)    //消息为"end"则结束
                break;
        }
        exit(0);
}
else{
    wait(0);
    while (1)
    {
        msgrcv (msgid, &msg, BUFSIZ, msg_to_receive, 0);    //接收消息
        printf ("You wrote:%s",msg.some_text);              //显示消息
        if (strncmp (msg.some_text,"end",3)==0)             //消息为"end"则结束
            break;
    }
    msgctl (msgid, IPC_RMID,0);                             //撤消消息队列

    }
}
```

2. 编写进程

分别编写发送进程和接收进程，由发送进程发送消息，接收进程接收消息。采用先执行发送进程后执行接收进程的方式同步。以"end"作为结束消息。

发送进程：

```
#include<stdio.h>
#include<stdlib.h>
#include<string.h>
#include<unistd.h>
#include<sys/types.h>
#include<linux/msg.h>
#define  MAXMSG  512                        //定义消息长度
struct  my_msg                              //定义消息缓冲区数据结构
{
    long int my_msg_type;
```

```
    char some_text[MAXMSG];
}msg;
main(    )
{
    int  msgid;                                   //定义消息缓冲区内部标识
    char buffer[BUFSIZ];                          //定义用户缓冲区
    msgid=msgget(1234,0666|IPC_CREAT);            //创建消息队列,key 为 1234
    while(1)
    {
      puts("Enter some text:");                   //提示键入消息内容
      fgets(buffer,BUFSIZ,stdin);                 //标准输入送 buffer
      msg.my_msg_type=1;                          //设置消息类型为 1
      strcpy(msg.some_text,buffer);               //buffer 送消息缓冲
      msgsnd (msgid,&msg,MAXMSG,0);               //发送消息到消息队列
      if(strncmp(msg.some_text,"end",3)==0)       //消息为"end"则结束
      break;
  }
  exit(0);
}
```

接收进程：

```
#include<stdio.h>
#include<stdlib.h>
#include<string.h>
#include<unistd.h>
#include<sys/types.h>
#include<linux/msg.h>
#define  MAXMSG  512               //定义消息长度
struct  my_msg                     //定义消息 f 缓冲区数据结构
{
  long int my_msg_type;
  char some_text[MAXMSG];
}msg;
main()
{
  int  msgid;                      //定义消息缓冲区内部标识
  long  int  msg_to_receive=0;
  msgid=msgget(1234, 0666|IPC_CREAT);        //获取消息队列,key 为 1234
```

```
    while (1)
    {
        msgrcv (msgid, &msg, BUFSIZ, msg_to_receive, 0); //接收消息
        printf ("You wrote:%s",msg.some_text);            //显示消息
        if (strncmp (msg.some_text,"end",3)==0)           //消息为"end"则结束
            break;
    }
    msgctl (msgid, IPC_RMID,0);                           //撤消消息队列
    exit (0);
}
```

四、上机思考题

编写一段程序,使用系统调用 fork()创建两个子进程,再用系统调用 signal()让父进程捕捉键盘上的中断信号(即按 ctrl+c 键),当捕捉到中断信号后,父进程用系统调用 kill()向两个子进程发出信号,子进程捕捉到信号后,分别输出下列信息后终止:

Child process 1 is killed by parent!
Child process 2 is killed by parent!

父进程等待两个子进程终止后,输出以下信息后终止:

Parent process is killed!

实验三　Linux 进程间通信——2 共享内存

一、预备知识

Linux 进程间通信的另一种方式是采用共享内存的方式,试调试运行如下关于共享内存的程序代码。程序执行内容依次如下:

共享内存区域是被多个进程共享的一部分物理内存。如果多个进程都把该内存区域映射到自己的虚拟地址空间,则这些进程就都可以直接访问该共享内存区域,从而可以通过该区域进行通信。共享内存是进程间共享数据的一种最快的方法,一个进程向共享内存区域写入了数据,共享这个内存区域的所有进程就可以立刻看到其中的内容(如图 2-4 所示)。这块共享虚拟内存的页面,出现在每一个共享

该页面进程的页表中。但是它不需要在所有进程的虚拟内存中都有相同的虚拟地址。

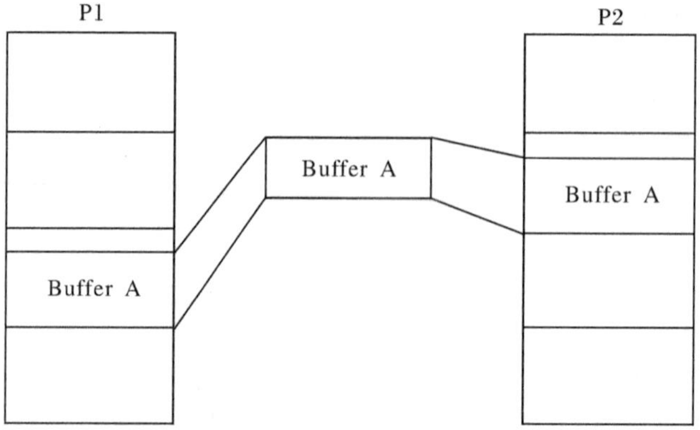

图 2-4　共享内存映射图

与所有的 System V IPC 对象一样，对于共享内存对象的获取是由 key 控制。内存共享之后，对进程如何使用这块内存就不再做检查。它们必须依赖于其它机制，比如 System V 的信号灯来同步对于共享内存区域的访问。每一个新创建的共享内存对象都用一个 shmid_kernel 数据结构来表达。系统中所有的 shmid_kernel 数据结构都保存在 shm_segs 向量表中，该向量表的每一个元素都是一个指向 shmid_kernel 数据结构的指针。shm_segs 向量表的定义如下：

```
struct shmid_kernel *shm_segs[SHMMNI];
```

SHMMNI 为 128，表示系统中最多可以有 128 个共享内存对象。数据结构 shmid_kernel 的定义如下：

```
struct shmid_kernel{
struct shmid_ds u;        /* the following are private */
unsigned long shm_npages;   /* size of segment (pages) */
unsigned long *shm_pages;   /* array of ptrs to frames -> SHMMAX */
struct vm_area_struct *attaches;   /* descriptors for attaches */
}
```

其中，shm_pages 代表该共享内存对象所占据的内存页面数组，数组里面的每个元素当然是每个内存页面的起始址。shm_npages 则是该共享内存对象占用内存页面的个数，以页为单位。这个数量当然涵盖了申请空间的最小整数倍。

shmid_ds 是一个数据结构，它描述了这个共享内存区的认证信息、字节大小、最后一次粘附时间、分离时间、改变时间、创建该共享区域的进程、最后一次对它操作的进程、当前有多少个进程在使用它等信息。其定义如下：

```
struct  shmid_ds  {
  struct  ipc_perm        shm_perm;  // 存取权限,在/linux/ipc.h 中定义
  int   shm_segsz;        // 共享内存大小
  _kernel_time_t          shm_atime; // 最后一次连接该共享内存时间
  _kernel_time_t          shm_dtime; //最后一次断开该共享内存时间
  _kernel_time_t          shm_ctime; //最后一次更改该共享内存时间
  _kernel_ipc_pid_t       shm_cpid; // 创建者进程标示符
  _kernel_ipc_pid_t       shm_lpid; //最后一个操作者进程标示符
  unsigned  short         shm_nattch; // 连接共享内存的进程数
        unsigned  short         shm_unused; // 兼容用
        void        * shm_unused2; // 备用
        void        * shm_unused3; //备用
        }
```

attaches 描述被共享的物理内存对象所映射的各进程的虚拟内存区域。每一个希望共享这块内存的进程都必须通过系统调用将其关联(attach)到它的虚拟内存中。这一过程将为该进程创建了一个新的描述这块共享内存的 vm_area_struct 数据结构。创建时可以指定共享内存在它的虚拟地址空间的位置,也可以让 Linux 自己为它选择一块足够的空闲区域。

这个新的 vm_area_struct 结构是维系共享内存和使用它的进程之间的关系的,所以除了要关联进程信息外,还要指明这个共享内存数据结构 shmid_kernel 所在位置;另外,便于管理这些经常变化的 vm_area_struct,所以采取了链表形式组织这些数据结构,链表由 attaches 指向,同时 vm_area_struct 数据结构中专门提供了两个指针:vm_next_shared 和 vm_prev_shared,用于连接该共享区域在使用它各进程中所对应的 vm_area_struct 数据结构。实现形式如图 2-5 所示。

Linux 为共享内存提供了四种操作函数。

1. 共享内存对象的创建

与其他两种 IPC 机制一样,进程在使用共享内存区域以前,必须通过系统调用 sys_ipc (call 值为 SHMGET)创建一个键值为 key 的共享内存对象,或获得已经存在的键值为 key 的某共享内存对象的引用标识符。以后对共享内存对象的访问都通过该引用标识符进行。对共享内存对象的创建或获得由函数 sys_shmget 完成,其定义如下：

```
int sys_shmget (key_t key, int size, int shmflg)
```

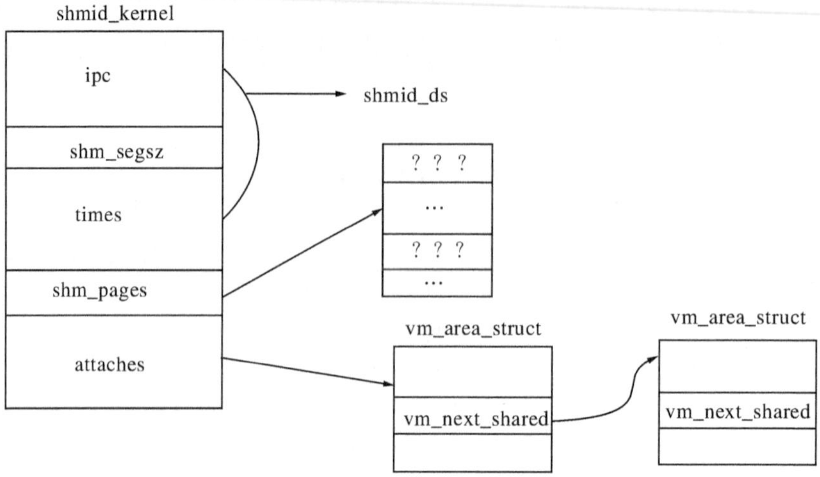

图 2-5　System V IPC 机制-共享内存

这里 key 是表示该共享内存对象的键值，size 是该共享内存区域的大小(以字节为单位)，shmflg 是标志(对该共享内存对象的特殊要求)。它所做的工作如下：

如果 key == IPC_PRIVATE，则总是会创建一个新的共享内存对象。

Step 1　算出 size 要占用的页数，检查其合法性。

Step 2　申请一块内存用于建立 shmid_kernel 数据结构，注意这里申请的内存区域大小不包括真正的共享内存区，实际上，要等到第一个进程试图访问它的时候才真正创建共享内存区。

Step 3　根据该共享内存区所占用的页数，为其申请一块空间用于建立页表(每页 4 个字节)，将页表清 0。

Step 4　搜索向量表 shm_segs，为新创建的共享内存对象找一个空位置。

Step 5　填写 shmid_kernel 数据结构，将其加入到向量表 shm_segs 中为其找到的空位置。

Step 6　返回该共享内存对象的引用标识符。

参见 include/linux/shm.h。

2. 关联

在创建或获得某个共享内存区域的引用标识符后，还必须将共享内存区域映射(粘附)到进程的虚拟地址空间，然后才能使用该共享内存区域。系统调用 sys_ipc(call 值为 SHMAT)用于共享内存区到进程虚拟地址空间的映射，而真正完成粘附动作的是函数 sys_shmat，其定义如下：

```
#include <sys/types.h>
```

```
#include <sys/shm.h>
        void *shmat(int shmid, const void *shmaddr, int shmflg);
```

其中，

shmid 是 shmget 返回的共享内存对象的引用标识符；

shmaddr 用来指定该共享内存区域在进程的虚拟地址空间对应的虚拟地址；

shmflg 是映射标志；

返回的是在进程中的虚拟地址，该函数所做的工作如下：

Step 1 根据 shmid 找到共享内存对象。

Step 2 如果 shmaddr 为 0，即用户没有指定该共享内存区域在它的虚拟空间中的位置，则由系统在进程的虚拟地址空间中为其找一块区域（从 1G 开始）；否则，就用 shmaddr 作为映射的虚拟地址。

Step 3 检查虚拟地址的合法性（不能超过进程的最大虚拟空间大小—3G，不能太接近堆栈栈顶）。

Step 4 认证检查。

Step 5 申请一块内存用于建立数据结构 vm_area_struct，填写该结构。

Step 6 检查该内存区域，将其加入到进程的 mm 结构和该共享内存对象的 vm_area_struct 队列中。

共享内存的粘附只是创建一个 vm_area_struct 数据结构，并将其加入到相应的队列中，此时并没有创建真正的共享内存页。

当进程第一次访问共享虚拟内存的某页时，因为所有的共享内存页还都没有分配，所以会发生一个 page fault 异常。当 Linux 处理这个 page fault 的时候，它找到发生异常的虚拟地址所在的 vm_area_struct 数据结构。在该数据结构中包含有这类共享虚拟内存的一组处理程序，其中的 nopage 操作用来处理虚拟页对应的物理页不存在的情况。对共享内存，该操作是 shm_nopage（定义在 ipc/shm.c 中）。该操作在描述这个共享内存的 shmid_kernel 数据结构的页表 shm_pages 中查找发生 page fault 异常的虚拟地址所对应的页表条目，看共享页是否存在（页表条目为 0，表示共享页是第一次使用）。如果不存在，它就分配一个物理页，并为它创建一个页表条目。这个条目不但进入当前进程的页表，同时也存到 shmid_kernel 数据结构的页表 shm_pages 中。

当下一个进程试图访问这块内存并得到一个 page fault 的时候，经过同样的路径，也会走到函数 shm_nopage。此时，该函数查看 shmid_kernel 数据结构的页表 shm_pages 时，发现共享页已经存在，它只需把这里的页表项填到进程页表的相应位置即可，而不需要重新创建物理页。所以，是第一个访问共享内存页的进程使得这一页被创建，而随后访问它的其它进程仅把此页加到它们的虚拟地址空间。

3. 分离

当进程不再需要共享虚拟内存的时候，它们与之分离(detach)。只要仍旧有其它进程在使用这块内存，这种分离就只会影响当前的进程，而不会影响其它进程。当前进程的 vm_area_struct 数据结构被从 shmid_ds 中删除，并被释放。当前进程的页表也被更新，共享内存对应的虚拟内存页被标记为无效。当共享这块内存的最后一个进程与之分离时，共享内存页被释放，同时，这块共享内存的 shmid_kernel 数据结构也被释放。系统调用 sys_ipc(call 值为 SHMDT)用于共享内存区与进程虚拟地址空间的分离，而真正完成分离动作的是函数 sys_shmdt，其定义如下：

```
int sys_shmdt (char * shmaddr)
```

其中 shmaddr 是进程要分离的共享页的开始虚拟地址。

该函数搜索进程的内存结构中的所有 vm_area_struct 数据结构，找到地址 shmaddr 对应的一个，调用函数 do_munmap 将其释放。在函数 do_munmap 中，将要释放的 vm_area_struct 数据结构从进程的虚拟内存中摘下，清除它在进程页表中对应的页表项(可能占多个页表项)。

Linux 在共享内存上实现的第四种操作是共享内存的控制(call 值为 SHMCTL 的 sys_ipc 调用)，它由函数 sys_shmctl 实现。控制操作包括获得共享内存对象的状态，设置共享内存对象的参数(如 uid、gid、mode、ctime 等)，将共享内存对象在内存中锁定和释放(在对象的 mode 上增加或去除 SHM_LOCKED 标志)，释放共享内存对象资源等。

4. 释放内存

原型：int shmctl(int shmqid, int cmd, struct shmid_ds * buf);

返回：成功为 0，失败为 -1。

这个特殊的调用和 semctl()调用几乎相同，因此，这里不进行详细的讨论。有效命令的值是：

IPC_STAT：检索一个共享段的 shmid_ds 结构，把它存到 buf 参数的地址中。

IPC_SET：对一个共享段来说，从 buf 参数中取值设置 shmid_ds 结构的 ipc_perm 域的值。

IPC_RMID：把一个段标记为删除。IPC_RMID 命令实际上不从内核删除一个段，而是仅仅把这个段标记为删除，实际的删除发生在最后一个进程离开这个共享段时。当一个进程不再需要共享内存段时，它将调用 shmdt()系统调用取消这个段，但是，这并不是从内核真正地删除这个段，而是把相关 shmid_ds 结构的 shm_nattch 域的值减 1，当这个值为 0 时，内核才从物理上删除这个共享段。

共享内存提供了一种快速灵活的机制，它允许进程之间直接共享大量的数据，而无须使用拷贝或系统调用。共享内存的主要局限性是它不能提供同步，如果两个进程企图修改相同的共享内存区域，由于内核不能串行化这些动作，因此写的数据可能任意地互相混合。所以使用共享内存的进程必须设计它们自己的同步协议，如用信号量等。以下是使用共享内存机制进行进程间通信的基本操作：

需要包含的头文件：

```
#include <sys/types.h>
#include <sys/ipc.h>
#include <sys/shm.h>
```

核心调用函数说明：

(1)创建共享内存：int shmget(key_t key,int size,int shmflg)。

其中，

key：用来表示新建或者已经存在的共享内存取的关键字。

size：创建共享内存的大小。

shmflg：可以指定的特殊标志，IPC_CREATE，IPC_EXCL 以及低九位的权限。

例子：

```
int shmid;
shmid=shmget(IPC_PRIVATE,1024,IPC_CREATE|IPC_EXCL|0660);
if(shmid==-1)
perror("shmget()");
```

(2)连接共享内存：char *shmat(int shmid,char *shmaddr,int shmflg)。

其中

shmid：共享内存的关键字

shmaddr：指定共享内存出现在进程内存地址的什么位置，通常我们让内核自己决定一个合适的地址位置，用的时候设为 0。

shmflg：指定特殊的标志位。

例子：

```
int shmid;
char *shmp;
shmp=shmat(shmid,0,0);
if(shmp==(char *)(-1))
perror("shmat()\n");
```

(3)使用共享内存：在使用共享内存时需要注意的是，为防止内存访问冲突，一般与信号量结合使用。

(4)分离共享内存:当程序不再需要共享内后,我们需要将共享内存分离以便对其进行释放,分离共享内存的函数原形如下:int shmdt(char * shmaddr)。

(5)释放共享内存:int shmctl(int shmid,int cmd,struct shmid_ds * buf)。

二、实验目的

1. 熟悉有关 Linux 中进程通信中共享内存的系统调用。
2. 学习有关 Linux 的进程创建,理解进程创建后两个并发进程的执行。
3. 掌握共享内存方式的进程通信方法并了解其特点和使用限制。

三、实验内容

1. 调试 Linux 中申请共享内存例程

使用 shmget 函数创建一块共享内存。程序中在调用 shmget 函数时指定 key 参数值为 IPC_PRIVATE,这个参数的意义是创建一个新的共享内存区,当创建成功后使用 shell 命令 ipcs 来显示目前系统下共享内存的状态。命令参数-m 为只显示共享内存的状态。

(1)在 vi 编辑器中编辑该程序如下。

程序清单 create_shm. c

使用 shmget 函数创建共享内存

```
#include <sys/types.h>
#include <sys/ipc.h>
#include <sys/shm.h>
#include <stdlib.h>
#include <stdio.h>
#define BUFSZ 4096
int main(void)
{
int shm_id; /* 共享内存标识符 */
shm_id=shmget(IPC_PRIVATE, BUFSZ, 0666) ;
if (shm_id < 0) {
/* 创建共享内存 */      perror("shmget") ;      exit(1);
}
printf("successfully created segment: %d \n", shm_id) ;
system("ipcs-m"); /* 调用 ipcs 命令查看 IPC */
exit(0);
}
```

(2)在 shell 中编译该程序如下。

```
# gcc create_shm.c-o create_shm
```

(3)在 shell 中运行该程序如下。

```
# ./ create_shm
```

2. Linux 环境中编写程序实现简单的生产——消费者问题

程序流程说明：

Step 1 首先调用 shmget 函数建立一块共享内存，大小为 1024 个字节，该函数返回创建的共享内存的标识符。

Step 2 然后调用 fork 产生一个子进程（生产者进程）。子进程调用 shmat 函数将该共享内存连接（attach）到自己的虚存空间，即可通过普通的内存写操作（例如 strcpy 等），在该共享内存写入数据。

Step 3 写完数据后，子进程调用 shmdt 函数断开与该共享内存的连接。

Step 4 父进程 sleep，直到子进程完成上述操作。父进程（消费者）调用 shmctl 函数得到关于这块共享内存的相关信息，并打印出来。

Step 5 父进程调用 shmat 函数将这块共享内存连接到自己的虚存空间，即可通过普通的内存读操作（例如 printf 等），将该共享内存中的字符串读出来。

Step 6 读完数据后，父进程调用 shmdt 函数断开与该共享内存的连接。

Step 7 最后，父进程调用 shmctl 函数，销毁该共享内存。

程序代码：

调试并运行程序，观察程序是否总能正常运行，并请分析理由。

```
#include<unistd.h>
#include<sys/ipc.h>
#include<sys/shm.h>
#include<errno.h>
#define KEY 1234                                /*键*/
#define SIZE 1024                               /*欲建立的共享内存的大小*/

int main()
{
    int shmid;
    char *shmaddr;
    struct shmid_ds buf;
    shmid=shmget(KEY,SIZE,IPC_CREAT|0600);              /*建立共享内存*/
```

```
        if(shmid==-1)
    {
            printf("create share memory failed:%s",strerror(errno));
            return 0;
        }
        if(fork()==0)
        {                                       /*子进程*/
          sleep(2);
          shmaddr=(char*)shmat(shmid,NULL,0);   /*系统自动选择一个地址连接*/
          if(shmaddr==(void*)-1)
          {
            printf("connect to the share memory failed:%s",strerror(errno));
            return 0;
          }
          /*向共享内存内写数据*/
          strcpy(shmaddr,"hello,this is shared data.\n");
          shmdt(shmaddr);                               /*断开共享内存*/
          exit(0);
        }else
        {                                               /*父进程*/
          wait(0);
          shmctl(shmid,IPC_STAT,&buf);       /*取得共享内存的相关信息*/
          printf("size of the share memory:
        shm_segsz=%dbytes\n",buf.shm_segsz);
        printf("process id of the
        creator:shm_cpid=%d\n",buf.shm_cpid);
        printf("process id of the last
        operator:shm_lpid=%d\n",buf.shm_lpid);
        shmaddr=(char*)shmat(shmid,NULL,0);   /*系统自动选择一个地址连接*/
            if(shmaddr==(void*)-1)
            {
              printf("connect the share memory failed:%s",strerror(errno));
              return 0;
            }
            printf("print the content of the share memory:");
            printf("%s\n",shmaddr);
            shmdt(shmaddr);                               /*断开共享内存*/
```

```
    /* 当不再有任何其它进程使用该共享内存时系统将自动销毁它 */
    shmctl(shmid,IPC_RMID,NULL);
  }
}
```

四、上机思考题

设计两个进程通过消息队列进行通信的程序。一个进程产生一个-100到100之间的随机数,将其写入队列,另一进程从队列中读出,并显示出来。

```
#include <math.h>
#include <stdlib.h>
int random_range (unsigned const low, unsigned const high)
{
  unsigned const range=high-low+1;
  return low+(int) (((double) range) * rand () / (RAND_MAX+1.0));
}
int main()
{
  int i;
  .........
  srand(time(NULL));
  i=random_range(-100,100);
.........
}
```

第三章　进程同步和互斥

为了阻止多个程序同时访问一个共享资源所引起的问题，需要能生成并且使用一个标记从而保证在临界区部分一次只有一个线程执行。我们可以使用互斥或信号量来控制一个多线程程序对于临界区的访问。在这一章，我们将学习在 Linux 环境中，在不同的进程之间使用信号量进行同步操作。

进程的同步与互斥是一种通讯方式，一进程可通过修改变量或信号量告知另一进程，它是否可以继续执行下去，利用生产者——消费者算法，生产者进程可以传送一批数据给消费进程，或者说生产者通过缓冲区与消费者进行通讯。但 P、V 操作只能传递信号，信号本身不包含任何数据，而进程不当还容易导致进程死锁，因此，称这些同步机构为低级通讯机构。

多进程的系统中避免不了进程间的相互关系。进程互斥是进程之间发生的一种间接性作用，一般是程序不希望的。通常的情况是两个或两个以上的进程需要同时访问某个共享变量。一般将发生能够共享变量的程序段称为临界区。两个进程不能同时进入临界区，否则就会导致数据的不一致，产生与时间有关的错误。解决互斥问题应该满足互斥和公平两个原则，即任意时刻只能允许一个进程处于同一共享变量的临界区，而且不能让任一进程无限期地等待。进程同步是进程之间直接的相互作用，是合作进程间有意识的行为，典型的例子是经典同步互斥之生产者-消费者问题。

生产者-消费者同步问题其实际上就是生活中同步、互斥问题的一个抽象模型，如多个进程合作解决文件打印的问题，汽车行驶过程中司机与售票员的活动问题，理发师理发问题，等等。要解决同步互斥问题，最主要的是理清楚活动者之间的同步关系，还有某些问题中变量的互斥问题。分析清楚之后就是设置信号量，设置几个，并且根据实际情况给出信号量的初值。生产者-消费者问题就是生产者进程向消费者进程提供消息。生产者生产商品存入空缓冲区内，而消费者从缓冲区内取出产品并消费。

1. 一个生产者 P 和一个消费者 Q(其中只有同步问题)

其同步关系为:

(1)P 进程不能向"满"的缓存区内存放产品,即仅当有一个空缓存区时才能放产品,设置信号量 empty,初值为 0,用于指示空缓存区数目。

(2)Q 进程不能从空的缓存区中取产品,设置信号量 full,初值为 0,用于指示满缓存区的数目。

注意:在 P、V 操作中,P、V 操作必须成对出现;在互斥关系中 P、V 操作在同一进程内;在同步关系中 P、V 操作在不同的进程内。

其同步问题解决如下:

```
P://生产者
repeat
    生产一个产品;
P(empty);//申请一个空的缓冲区存放产品;
送产品到缓冲区;
    V(full);//释放一个满的缓冲区;
until false;

Q:  //消费者
repeat
P(full);//申请一个满的缓存区取产品
从缓存区取产品;
V(empty);//产品取完后释放掉该空的缓存区
消费产品;
until false;
```

2. 多个生产者和多个消费者

在多个生产者和消费者的问题中,缓存区属于临界资源,它只允许一个生产者放入产品或者一个消费者从中取产品。生产者之间、生产者与消费者之间、消费者之间都必须互斥地使用缓冲区。其中既存在同步问题,又存在互斥问题。

问题描述:一组生产者向一组消费者提供消息,它们共享一个有界缓冲区 n,生产者向其中投放消息,消费者从中取得消息。

规则:对于生产者进程:产生一个数据,当要送入缓冲区时,要检查缓冲区是否已满,若未满,则可将数据送入缓冲区,并通知消费者进程;否则继续等待。

对于消费者进程:当它去取数据时,要看缓冲区中是否有数据可取,若有则取走一个数据,并通知生产者进程,否则,等待。

缓冲区是个临界资源，因此，诸进程对缓冲区的操作程序是一个共享临界区，所以，还有个互斥的问题。

该问题涉及操作系统进程管理当中的两个重要概念——同步和互斥。同步，表现在生产者和消费者需要协同工作，步调不能拉开太大(由缓冲区大小 n 决定，n 越大，缓冲空间越大，步调可以拉得越开；n=1 时，必须是生产一个，消费一个，生产者和消费者就完全同步了)。当步调差距超过极限时，走在前面的当前进程(生产者)调用 P 原语时由于资源耗尽，被阻塞；步调靠后的继续向前推进，由此实现同步。互斥，表现在生产者与消费者、生产者与生产者、消费者与消费者任何两个成员之间必须互斥地使用缓冲区。当有一个成员进入缓冲区存/取产品时，其他成员将被关在门外排队等候(被阻塞)；当完毕时，通知队首成员进入。

由操作系统理论可知，我们需要三个信号量，分别命名 full, empty, mutex，分别代表消费者的可用资源数、生产者的可用资源数、缓冲区是否可用。初值：full=0(消费者无资源可用)，empty=N(生产者有 N 个资源可用，N 代表缓冲区大小)，mutex=1(缓冲区可用)。

```
P:                          Q:
while  (true)  {             while  (true)  {
  生产一个产品;                 P(full);
  P(empty) ;                     P(mutex)
P(mutex)                     从缓冲区取产品;
  送产品到缓冲区;               V(empty);
  V(mutex)                       V(mutex)
  V(full);                      消费产品;
};                              };
```

注意两个 P 操作的顺序不能颠倒。如果将两个 P 操作，即 P(full)和 P(mutex)互换位置，或者 P(empty)和 P(mutex)互换位置，都可能引起死锁。考虑系统中缓冲区全满前时，若一生产者进程先执行了 P(mutex)操作并获得成功，当再执行 P(empty)操作时，它将因失败而进入阻塞状态，它期待消费者执行 V(empty)来唤醒自己。在此之前，它不可能执行 V(mutex)操作，从而使企图通过 P(mutex)进入自己临界区的其他生产者和所有的消费者进程全部进入阻塞状态，从而引起系统死锁。类似地，消费者进程若先执行 P(mutex)，后执行 P(full)，同样可能造成死锁。

V(full)和 V(mutex)互换位置，或者 V(empty)和 V(mutcx)互换位置，则不会引起死锁，其影响只是使临界资源的释放略微推迟一些。

实验一　Linux 系统进程同步和互斥

一、预备知识

1. 信号量

信号量也称为信号锁，主要应用于进程间的同步和互斥，在用于互斥时，通常作为资源锁。信号量通常通过两个原子操作 wait(P)和 signal(V)来访问。wait 操作使信号量的值+1，signal 操作使信号量的值-1。

下面详细介绍用信号量解决进程同步问题。为了实现这样的信号量，将信号量定义如下：

```
typedef struct
{
    int  value;
    struct process * L;
}semaphore;
```

每个信号量都有一个整数值和一个进程链表。当该进程必须等待信号量时，就被加入到进程链表中。

信号量只能通过两个原子操作 wait 或称为 P 操作和 signal 或称为 V 操作来访问。

wait 操作定义如下：

```
void wait(semaphore s)
    {
    s.value=s.value-1;
    if (s.value < 0)
    {
    该进程状态置为等待状态;
    将该进程的 PCB 插入相应的等待队列末尾 s.queue;重新调度
    }
  }
void signal (semaphore s)
  {
  s.value=s.value+1;
```

```
    if (s.value <=0)
    {
    唤醒相应等待队列 s.queue 中等待的一个进程
    改变其状态为就绪态,并将其插入就绪队列
    }
}
```

2. Linux 信号量工具

Linux 中信号量函数接口设计十分精细,并且提供了比通常所需要的更多的实用性能。所有的 Linux 信号量函数在通用的信号量数组上进行操作,而不是在一个单一的二值信号量上进行操作。乍看这样似乎使事情变得更为复杂,但是在一个进程需要锁住多个资源的复杂情况下,在信号量数组上进行操作将是一个极大的优点。这一章里将会关注于使用单一信号量,因为这是在大多数情况下需要使用的。

Linux 中信号量函数定义如下:

#include < semaphore.h >中定义了几个信息量操作中常使用到的数据结构和系统函数:

```
/* System specific semaphore definition.   */
typedef struct
{
    struct _pthread_fastlock _sem_lock;
    int _sem_value;
    _pthread_descr _sem_waiting;
} sem_t;//具体信号量的数据结构定义
```

sem_init 用于创建一个信号量,并能初始化它的值,具体定义如下:

```
/* Initialize semaphore object SEM to VALUE.   If PSHARED then share it
with other processes.   */
extern int sem_init (sem_t * _sem, int _pshared, unsigned int _value) _THROW;
```

sem_wait 相当于 wait 操作或 P 操作,具体定义如下:

```
/* Wait for SEM being posted.   */
extern int sem_wait (sem_t * _sem) _THROW;
```

em_post 相当于 signal 操作或 V 操作,具体定义如下:

```
/* Post SEM.   */
extern int sem_post (sem_t * _sem) _THROW;
```

```
#include <sys/sem.h>
int semctl(int sem_id, int sem_num, int command, ...);
int semget(key_t key, int num_sems, int sem_flags);
int semop(int sem_id, struct sembuf *sem_ops, size_t num_sem_ops);
```

事实上,为了获得特定操作所需要的#define定义在包含sys/sem.h文件之前通常需要包含sys/types.h与sys/ipc.h文件。而在某些情况下,这并不是必须的。

注意,key的作用类似于一个文件名,因为它表示程序也许会使用或是合作所用的资源。相类似的,由semget所返回的并且为其他的共享内存函数所用的标识符与由fopen函数所返回的FILE *十分相似,因为它被进程用来访问共享文件。而且与文件类似,不同的进程会有不同的信号量标识符,尽管它们指向相同的信号量。key与标识符的用法对于在这里所讨论的所有IPC程序都是通用的,尽管每一个程序会使用独立的key与标识符。

semget:semget函数创建一个新的信号量或是获得一个已存在的信号量键值。

```
int semget(key_t key, int num_sems, int sem_flags);
```

第一个参数key是一个用来允许不相关的进程访问相同信号量的整数值。所有的信号量是为不同的程序通过提供一个key来间接访问的,对于每一个信号量系统生成一个信号量标识符。信号量键值只可以由semget获得,所有其他的信号量函数所用的信号量标识符都是由semget所返回的。

还有一个特殊的信号量key值,IPC_PRIVATE(通常为0),其作用是创建一个只有创建进程可以访问的信号量。这通常没有意义,而幸运的是,因为在某些Linux系统上,手册页将IPC_PRIVATE并没有阻止其他的进程访问信号量作为一个bug列出。num_sems参数是所需要的信号量数目,这个值通常总是1。sem_flags参数是一个标记集合,与open函数的标记十分类似,低九位是信号的权限,其作用与文件权限类似。另外,这些标记可以与IPC_CREAT进行“或操作”来创建新的信号量。设置IPC_CREAT标记并且指定一个已经存在的信号量键值并不是一个错误。如果不需要,IPC_CREAT标记只是被简单地忽略。我们可以使用IPC_CREAT与IPC_EXCL的组合来保证我们可以获得一个新的、唯一的信号量。如果这个信号量已经存在,则会返回一个错误。

如果成功,semget函数会返回一个正数;这是用于其他信号量函数的标识符。如果失败,则会返回-1。

semop:函数semop用来改变信号量的值:

```
int semop(int sem_id, struct sembuf * sem_ops, size_t num_sem_ops);
```

第一个参数,sem_id,是由 semget 函数所返回的信号量标识符。第二个参数,sem_ops,是一个指向结构数组的指针,其中的每一个结构至少包含下列成员:

```
struct sembuf {
    short sem_num;
    short sem_op;
    short sem_flg;
}
```

第一个成员,sem_num,是信号量数目,通常为 0,除非正在使用一个信号量数组。sem_op 成员是信号量的变化量值(可以用任何量改变信号量值,而不只是 1)。通常情况下使用两个值,-1 是 P 操作,用来等待一个信号量变得可用,而+1 是 V 操作,用来通知一个信号量可用。

最后一个成员,sem_flg,通常设置为 SEM_UNDO。这会使得操作系统跟踪当前进程对信号量所做的改变,而且如果信号量为这个进程所占有,且进程终止而没有释放这个信号量,这个标记可以使得操作系统自动释放这个信号量。将 sem_flg 设置为 SEM_UNDO 是一个好习惯,除非需要不同的行为。如果需要一个不同的值而不是 SEM_UNDO,保持一致性是十分重要的。当进程退出时,内核是否会尝试清理信号量。

semop 的所有动作会同时作用,从而避免多个信号量的使用所引起的竞争条件。我们可以在手册页中了解关于 semop 处理更为详细的信息。

semctl 函数允许信号量信息的直接控制:

```
int semctl(int sem_id, int sem_num, int command, ...);
```

第一个参数,sem_id,是由 semget 所获得的信号量标识符。sem_num 参数是信号量数目。当我们使用信号量数组时会用到这个参数。通常,如果这是第一个且是唯一的一个信号量,这个值为 0。command 参数是要执行的动作,而如果提供了额外的参数,则是 union semun,根据 X/OPEN 规范,这个参数至少包括下列参数:

```
union semun {
    int val;
    struct semid_ds * buf;
    unsigned short * array;
}
```

有多个不同的 command 值可以用于 semctl。在这里我们描述两个经常用到的值。这两个常用的 command 值为：

SETVAL：用于初始化信号量为一个已知的值。所需要的值作为联合 semun 的 val 成员来传递。在信号量第一次使用之前需要设置信号量。

IPC_RMID：当信号量不再需要时用于删除一个信号量标识。

semctl 函数依据 command 参数会返回不同的值。对于 SETVAL 与 IPC_RMID，如果成功则会返回 0，否则会返回 −1。

二、实验目的

1. 通过编写程序实现进程同步和互斥，掌握有关进程（线程）同步与互斥的原理，以及解决进程（线程）同步和互斥的算法，从而进一步巩固进程（线程）同步和互斥等有关的内容。

2. 了解 Linux 中多线程的并发执行机制，线程间的同步和互斥。

3. 学习使用 Linux 中基本的同步对象，掌握相应的系统调用函数。

4. 掌握多道程序设计的基本理论、方法和技术，培养学生多道程序设计的能力。

三、实验内容

实验题目：使用两个不同字符的输出来标识进入与离开临界区。使用参数调用的程序会在进入与离开其临界区时输出一个 X，而另一个程序调用会在进入与离开其临界区时输出一个 O。因为在任何指定的时间内只有一个进程能够进入其临界区，所以所有 X 与 O 字符都是成对出现的。

实验流程如下：

首先，应在 Linux 环境下，创建 mytest. c 源文件，使用文本编辑工具打开 mytest. c 文件，编写源程序文件。在 # include 语句之后，定义函数原型与全局变量，然后进入 main 函数。在这里使用 sem_init 函数调用创建信号量。

```
#include <stdio.h>
#include <stdlib.h>
#include <unistd.h>
#include <sys/types.h>
#include <sys/ipc.h>
#include <sys/sem.h>
#include "semaphore.h"
sem_t mutex,empty,full;
```

```
static int sem_id;

int main(int argc, char * * argv)
{
  int i,ret;
ret=sem_init(&mutex,0,1)
…..
```

然后使用 wait 操作进入临界区，此时会调用 sem_wait 函数，这个函数会设置信号量并且等待程序进入临界区。

```
sem_wait(&mutex);
```

最后，在临界区之后，当退出临界区时，我们使用 signal 操作，此时会调用 sem_post 函数。

```
sem_post(&mutex);
```

注：编译时候需：

```
gcc mytest.c-o mytest.o-lpthread
```

四、上机思考题

1. 编程用 fork()创建一个子进程代表售票员，司机在父进程中，再用系统调用 signal()让父进程（司机）捕捉来自子进程（售票员）发出的中断信号，让子进程（售票员）捕捉来自父进程（司机）发出的中断信号，以实现进程间的同步运行。

2. 采用进程（线程）同步和互斥的技术编写程序实现生产者—消费者问题或哲学家进餐问题或读者一作者问题或自己设计一个简单进程（线程）同步和互斥的实际问题。

实验二　死锁——银行家算法

一、预备知识

本实验重点介绍死锁的基本概念，及死锁发生的原因，针对死锁的预防解决方法，编程实现银行家算法。操作系统中有若干进程并发执行，它们不断申请、使用、释放系统资源。虽然系统的进程协调、通信机构会对它们进行控制，但也可能出现若干进程都相互等待对方释放资源才能继续运行，否则就阻塞的情况。此时，若不借助外界因素，谁也不能释放资源，谁也不能解除阻塞状态。根据这样的情况，操作系统中的死锁被定义为系统中两个或者多个进程无限期地等待永远不会发生的条件，系统处于停滞状态，这就是死锁。

产生死锁的原因主要是：系统资源不足；进程运行推进的顺序不合适；资源分配不当等。

所谓死锁，是指各并发进程彼此互相等待对方所拥有的资源，且这些并发进程在得到对方的资源之前不会释放自己所拥有的资源。从而造成大家都想得到资源而又都得不到资源，各并发进程不能继续向前推进的状态。

死锁的起因是并发进程的资源竞争。产生死锁的根本原因在于系统提供的资源个数少于并发进程所要求的该类资源数。显然，由于资源的有限性，我们不可能为所有要求资源的进程无限制地提供资源。但是，我们可以采用适当的资源分配算法，以达到消除死锁的目的。

只有以下 4 个条件都满足时，才会出现死锁。第一，互斥条件。并发进程所要求和占有的资源是不能同时被两个以上进程使用或操作的，进程对它所需要的资源进行排它性控制。第二，不剥夺条件。进程所获得的资源在未使用完毕之前，不能被其它进程强行剥夺，而只能由获得该资源的进程自己释放。第三，部分分配。进程每次申请它所需要的一部分资源，在等待新资源的同时，继续占用已分配到的资源。第四，环路条件。存在一种进程循环链，链中每一个进程已获得的资源同时被下一个进程所请求。

死锁的排除方法简单来说可归结为 3 种。第一，预防 Prevention。是采用某种策略，限制并发进程对资源的请求，使系统在任何时刻都不满足死锁的必要条件。适用于状态可以保存和恢复的资源，可以在编译时（而不必在运行时）就进行检查。但效率低，进程初始化时间延长，剥夺次数过多；多次对资源重新启动，不便灵活申请新资源。第二，避免 Avoidance。是“预防”和“检测”的折中（在运行时判断是否可能死锁）寻找可能的安全的运行顺序，不必进行剥夺，但必须知道将来的资源需求；且进程可能会长时间阻塞。避免死锁的一种基本模式是把进程分为多个步，其中每个步所使用的资源是固定的，且在一个步内，进程所保持的资源数不变。即进程的资源请求、使用与释放要依靠不同的步完成。第三，检测 Detection：宽松的；只要允许，就分配资源，定期检查死锁是否已经发生，通过剥夺解除死锁，造成损失。

1. 银行家算法相关数据结构

（1）可利用资源向量 Available，它是一个含有 m 个元素的数组，其中的每一个元素代表一类可利用的资源的数目，其初始值是系统中所配置的该类全部可用资源数目。其数值随该类资源的分配和回收而动态地改变。如果 Available[j]＝k，表示系统中现有 j 类资源 k 个。

(2)最大需求矩阵 Max,这是一个 n×m 的矩阵,它定义了系统中 n 个进程中的每一个进程对 m 类资源的最大需求。如果 Max[i][j]=k,表示进程 i 需要 j 类资源的最大数目为 k。

(3)分配矩阵 Allocation,这是一个 n×m 的矩阵,它定义了系统中的每类资源当前分配到每一个进程的资源数。如果 Allocation[i][j]=k,表示进程 i 当前已经分到 j 类资源的数目为 k 个。Allocation[i]表示进程 i 的分配向量。

(4)需求矩阵 Need,这是一个 n×m 的矩阵,用以表示每个进程还需要的各类资源的数目。如果 Need[i][j]=k,表示进程 i 还需要 j 类资源 k 个,才能完成其任务。Need[i]表示进程 i 的需求向量。上述三个矩阵间存在关系:Need[i][j]=Max[i][j]-Allocation[i][j];

2. 算法描述

if(Request <=Need[i])

{ if(Request <=Available[i])

{ Available=Available- Request; //Allocation[i]=Allocation[i]+Request[i]; //Need [i]=Need[i]- Request[i]; //if(SafetyTest) 进行分配; else 恢复试分配前状态;

}else 出错:无足够资源分配

}else 出错:申请的资源大于需求值

3. 安全性算法

(1)相关数据结构。

Work:它表示系统可提供给进程继续运行的各类资源数目,它包含 m 个元素,开始执行安全性算法时,Work=Available。

Finish:它表示在安全性检查中,系统是否有足够的资源分配给进程,使之运行完成,也可作为某进程是否被放入安全序列的标志。初始化时 Finish[i]=false;当有足够资源分配给进程 i 时,令 Finish[i]=true;表示该进程的申请得到满足而进入安全序列。

(2)算法描述。

Work=Available;
所有 Finish[i]=false;
while(还有未放入安全序列的进程){
还有未放入安全序列的进程
if(找到满足 Finish[i]==false&&Need[i]≤Work 的进程 i)
找到满足 ≤ { Work=Work+Allocation[i]; Finish[i]=true; }
if(遍历一遍,找不到满足条件的进程)

```
break; }
if(所有 Finish[i]==true)
所有返回"安全";
else
返回"不安全"。
```

二、实验目的

1. 调试一个银行家算法程序
2. 了解有关资源申请和避免死锁的具体实施方法

三、实验内容

设计一个模拟系统,用户进程可动态提出资源申请,系统按照银行家算法判断是否可以为该进程分配资源。假设系统有 5 个进程和 3 类资源(A,B,C),每类资源个数分别有 10、5、7,假设在 T0 时刻资源分配情况如图 3-1 所示,系统流程如图 3-2。

T0 时刻系统状态

	已分配资源数量			最大资源需求量		
	A	B	C	A	B	C
P1	0	0	1	0	0	1
P2	2	0	0	2	7	5
P3	0	0	3	6	6	5
P4	1	1	5	4	3	5
P5	0	3	2	0	6	5

	A	B	C
剩余资源数	3	2	0

图 3-1　T0 时刻资源分配情况

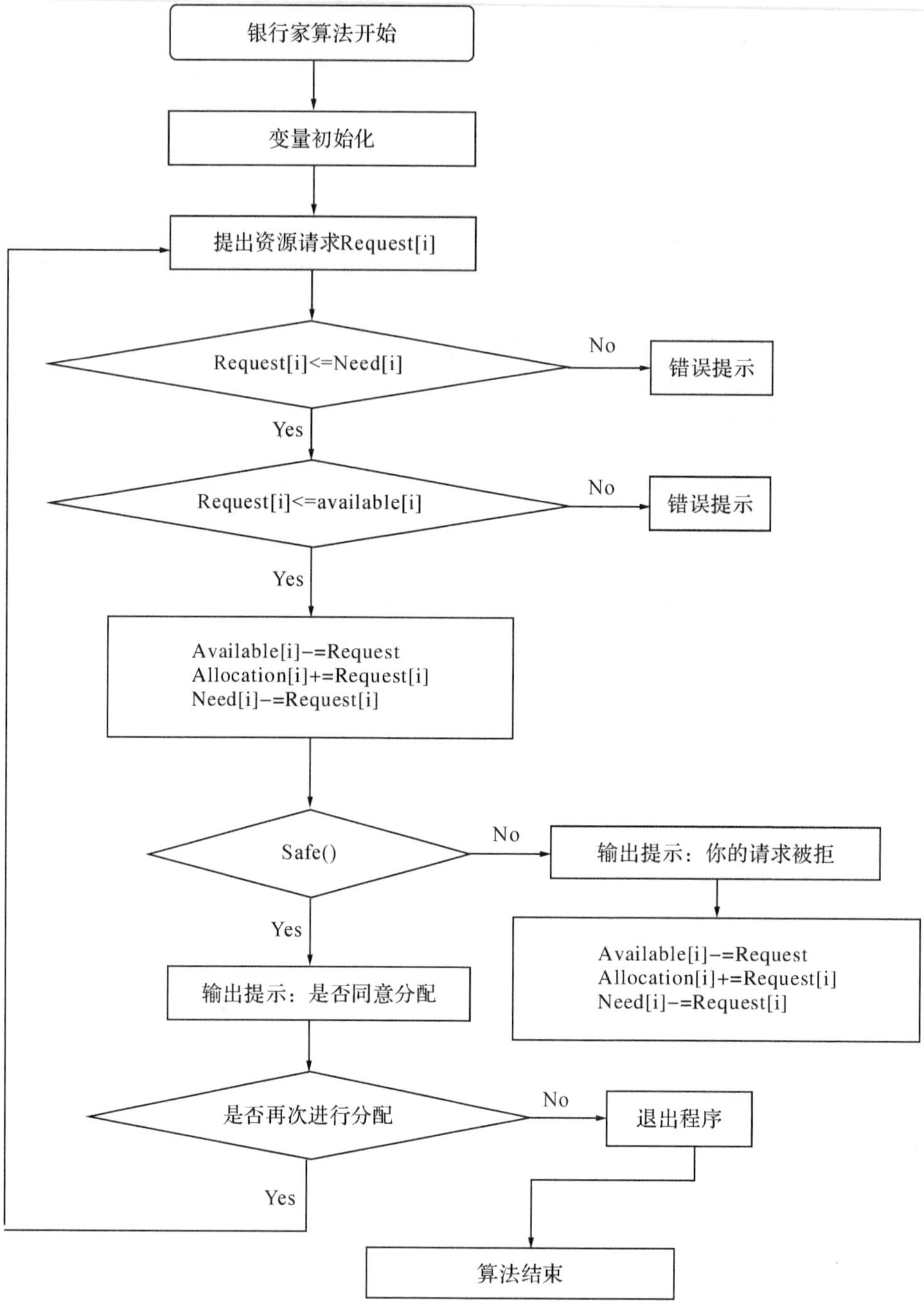
银行家算法开始
变量初始化
提出资源请求Request[i]
Request[i]<=Need[i]
No
错误提示
Yes
Request[i]<=available[i]
No
错误提示
Yes
Available[i]-=Request
Allocation[i]+=Request[i]
Need[i]-=Request[i]
Safe()
No
输出提示：你的请求被拒
Available[i]-=Request
Allocation[i]+=Request[i]
Need[i]-=Request[i]
Yes
输出提示：是否同意分配
是否再次进行分配
No
退出程序
Yes
算法结束

图 3-2　系统流程图

参考例程:(供参考,学生上机时需自行设计,独立完成)

```
#include<stdio.h>
#include<stdlib.h>
struct type
{
int a;
int b;
int c;
};
struct allocation
{
struct type value;
struct allocation *next;
};
struct max
{
struct type value;
struct max *next;
};
struct available
{
struct type value;
struct available *next;
};
struct need
{
struct type value;
struct need *next;
};
struct path
{
int value;
struct path *next;
};
struct finish
{
int value;
```

```
struct finish *next;
};
void main()
{
int p,status=0,i,j,temp,flag=0;
struct allocation *allochead,*alloc1,*alloc2,*alloctemp;
struct max *maxhead,*max1,*max2,*maxtemp;
struct available *availablehead,*workhead,*worktemp;
struct need *needhead,*need1,*need2,*needtemp;
struct path *pathhead,*path1,*path2,*pathtemp;
struct finish *finishhead,*finish1,*finish2,*finishtemp;
printf("请输入进程的数目\n");
scanf("%d",&p);
for(i=0;i<p;i++)
{
printf("\n 输入进程 p%d 已经分配的资源\n",i+1);
    if(flag==0)
    {
     allochead=alloc1=alloc2=(struct allocation *)malloc(sizeof(struct allocation));
    printf("\t 当前资源类型是%c\t",'a');
    scanf("%d",&alloc1->value.a);
    printf("\t 当前资源类型是%c\t",'b');
    scanf("%d",&alloc1->value.b);
    printf("\t 当前资源类型是%c\t",'c');
    scanf("%d",&alloc1->value.c);
    flag++;
    allochead=alloc1;
    }else
    {
    alloc2=(struct allocation *)malloc(sizeof(struct allocation));
    printf("\t 当前资源类型是%c\t",'a');
    scanf("%d",&alloc2->value.a);
    printf("\t 当前资源类型是%c\t",'b');
    scanf("%d",&alloc2->value.b);
    printf("\t 当前资源类型是%c\t",'c');
    scanf("%d",&alloc2->value.c);
```

```
    alloc1->next=alloc2;
    alloc1=alloc2;
    flag++;
    }
}
alloc2->next=NULL;
flag=0;
for(i=0;i<p;i++)
{
printf("\n输入进程p%d要求的最大数目\n",i+1);
    if(flag==0)
    {
        maxhead=max1=max2=(struct max *)malloc(sizeof(struct max));
        printf("\t当前资源类型是%c\t",'a');
        scanf("%d",&max1->value.a);
        printf("\t当前资源类型是%c\t",'b');
        scanf("%d",&max1->value.b);
        printf("\t当前资源类型是%c\t",'c');
        scanf("%d",&max1->value.c);
        maxhead=max1;
        flag++;
    }else
    {
        max2=(struct max *)malloc(sizeof(struct max));
        printf("\t当前资源类型是%c\t",'a');
        scanf("%d",&max2->value.a);
        printf("\t当前资源类型是%c\t",'b');
        scanf("%d",&max2->value.b);
        printf("\t当前资源类型是%c\t",'c');
        scanf("%d",&max2->value.c);
        max1->next=max2;
        max1=max2;
        flag++;
    }
        }
        max2->next=NULL;
        flag=0;
```

```
printf("\n 请输入可以利用的资源数目\n");
availablehead=workhead=(struct available * )malloc(sizeof(struct availa-
ble));
printf("\n");
printf("\t 当前资源类型是%c\t",' a ');
scanf("%d",&availablehead->value.a);
printf("\t 当前资源类型是%c\t",' b ');
scanf("%d",&availablehead->value.b);
printf("\t 当前资源类型是%c\t",' c ');
scanf("%d",&availablehead->value.c);
workhead=availablehead;
workhead->value=availablehead->value;
flag=0;
alloctemp=allochead;
maxtemp=maxhead;
for(i=0;i<p;i++)
{
    if(flag==0)
    {
needhead=need1=need2=(struct need * )malloc(sizeof(struct need));
need1->next=need2->next=NULL;
need1->value.a=(maxtemp->value.a)-(alloctemp->value.a);
need1->value.b=(maxtemp->value.b)-(alloctemp->value.b);
need1->value.c=(maxtemp->value.c)-(alloctemp->value.c);
needhead=need1;
flag++;
}else
{
need2=(struct need * )malloc(sizeof(struct need));
need2->value.a=(maxtemp->value.a)-(alloctemp->value.a);
need2->value.b=(maxtemp->value.b)-(alloctemp->value.b);
need2->value.c=(maxtemp->value.c)-(alloctemp->value.c);
need1->next=need2;
need1=need2;
flag++;
}
maxtemp=maxtemp->next;
```

```
    alloctemp=alloctemp->next;
}
need2->next=NULL;
flag=0;
for(i=0;i<p;i++)
{
    if(flag==0)
    {
     finishhead=finish1=finish2=(struct finish *)malloc(sizeof(struct fin-
     ish));
    finish1->next=finish2->next=NULL;
    finish1->value=0;
    finishhead=finish1;
    flag++;
    }else
    {
    finish2=(struct finish *)malloc(sizeof(struct finish));
    finish2->value=0;
    finish1->next=finish2;
    finish1=finish2;
    flag++;
    }
}
finish2->next=NULL;
flag=0;
for(temp=0;temp<p;temp++)
{
alloctemp=allochead;
needtemp=needhead;
finishtemp=finishhead;
worktemp=workhead;
for(j=0;j<p;j++)
{
if(finishtemp->value==0)
{
if((needtemp->value.a<=worktemp->value.a)&&(needtemp->value.b<
=worktemp->value.b)&&(needtemp->value.c<=worktemp->value.c))
```

```
{
workte mp->value.a+=alloctemp->value.a;
worktemp->value.b+=alloctemp->value.b;
worktemp->value.c+=alloctemp->value.c;
finishtemp->value=1;
if(flag==0)
{
pathhead=path1=path2=(struct path *)malloc(sizeof(struct path));
path1->next=path2->next=NULL;
path1->value=j+1;
pathhead=path1;
flag++;
}
else
{
path2=(struct path *)malloc(sizeof(struct path));
path2->value=j+1;
path1->next=path2;
path1=path2;
flag++;
}
finishtemp=finishtemp->next;
alloctemp=alloctemp->next;
needtemp=needtemp->next;
}
else
{
finishtemp=finishtemp->next;
alloctemp=alloctemp->next;
needtemp=needtemp->next;
}
}
else
{
finishtemp=finishtemp->next;
alloctemp=alloctemp->next;
needtemp=needtemp->next;
```

```
}
}
}
path2->next=NULL;
finishtemp=finishhead;
pathtemp=pathhead;
for(temp=0;temp<p;temp++)
{
if(finishtemp->value==0)
{
printf("\n警告！当前系统是不安全的\n");
exit(0);
}
finishtemp=finishtemp->next;
}
printf("\n当前系统是安全的！\n");
printf("\n安全序列为：\n");
for(i=0;i<p;i++)
{
printf("p%d\t",pathhead->value);
pathhead=pathhead->next;
}
}
```

第四章 Linux 中进程调度

进程调度的任务是控制协调进程对 CPU 的竞争，即按一定的调度算法从就绪队列中选中一个进程，把 CPU 的使用权交给被选中的进程。CPU 调度决定就绪队列中哪个进程将获得 CPU，可采用下述两种方式：

1. 非抢占式(Non-Preempitve Mode)

一旦 CPU 分配给某个进程后，便让该进程一直执行，直到该进程完成或发生某事件而被阻塞时，CPU 才分配给其他进程。

2. 抢占式(Preemptive Mode)

允许调度程序根据某种原则，去停止某个正在执行的进程，将已分配给该进程的 CPU，重新分配给另一进程。抢占原则有：时间片、优先权、短作业优先等。其中最优化准则包含以下几个方面：

Max CPU utilization——CPU 利用率最大化

Max throughput——吞吐率最大化

Min turnaround time ——周转时间最小

Min waiting time ——等待时间最小

Min response time——响应时间最小

操作系统中常采用的 CPU 调度的算法有：

(1)时间片轮转调度算法(RR—Round Robin)。把 CPU 划分成若干时间片，并且按顺序赋给就绪队列中的每一个进程，进程轮流占有 CPU，当时间片用完时，即使进程未执行完毕，系统也剥夺该进程的 CPU，将该进程排在就绪队列末尾。同时系统选择另一个进程运行。本章将重点介绍 Linux 进程调度的原理，在此基础上让读者完成 2 个调度实验。

(2)优先权调度算法。优先权调度算法的类型可分为非抢占式优先权算法和抢占式优先权调度算法两大类。其中在非抢占式优先权调度方式下，系统一旦把处理机分配给就绪队列中优先权最高的进程后，该进程便一直执行下去，直至完成，或因发生某事件使该进程放弃处理机，系统方可再将处理机重新分配给另一优先权最高的进程。这种调度算法主要用于批处理系统中，也可用于某些对实时性要求不严的实时系统中。

抢占式优先权调度中，系统同样把处理机分配给优先权最高的进程，使之执行。但在其执行期间，只要又出现了另一个比其优先权更高的进程，进程调度程序就立即停止当前进程（原优先权最高的进程）的执行，重新将处理机分配给新到的优先权最高的进程。这种抢占式的优先权调度算法，能更好地满足紧迫作业的要求，常用于要求比较严格的实时系统中，以及对性能要求较高的批处理和分时系统中。

(3)多级反馈队列调度算法。首先设置多个就绪队列，并为各个队列赋予不同的优先级。第一个队列的优先级最高，第二个队列次之，其余各队列的优先权逐个降低。该算法赋予各个队列中进程执行时间片的大小也各不相同，在优先权愈高的队列中，为每个进程所规定的执行时间片就愈小。例如，第二个队列的时间片要比第一个队列的时间片长一倍，……，第 i+1 个队列的时间片要比第 i 个队列的时间片长一倍。图 4-1 是多级反馈队列算法的示意。

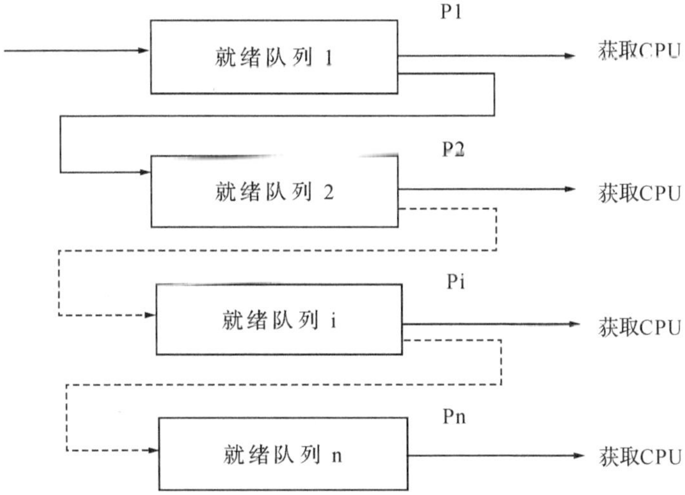

图 4-1　多级反馈队列算法

当一个新进程进入内存后，首先将它放入第一队列的末尾，按 FCFS 原则排队等待调度。当轮到该进程执行时，如它能在该时间片内完成，便可准备撤离系统；如果它在一个时间片结束时尚未完成，调度程序便将该进程转入第二队列的末尾，再同样地按 FCFS 原则等待调度执行；如果它在第二队列中运行一个时间片后仍未完成，再依次将它放入第三队列，……，如此下去，当一个长作业（进程）从第一队列依次降到第 n 队列后，在第 n 队列中便采取按时间片轮转的 RR 方式运行。

仅当第一队列空闲时，调度程序才调度第二队列中的进程运行；仅当第 1～(i－1) 队列均空闲时，才会调度第 i 队列中的进程运行。如果处理机正在第 i 队列中为某进程服务时，又有新进程进入优先权较高的队列(第 1～(i－1)中的任何一个队列)，则此时新进程将抢占正在运行进程的处理机，即由调度程序把正在运行的进程放回到第 i 队列的末尾，把处理机分配给新到的高优先权进程。

实验一　CPU 调度算法

一、预备知识

1. Linux 中 CPU 调度的基本概念

Linux 在每个进程的 task_struct 结构中有：policy、priority、counter、rt_priority，这四项就是调度程序选择进程的依据。其中，policy 是进程的调度策略，用来区分两种进程——实时和普通；priority 是进程(实时和普通)的优先级；counter 是进程剩余的时间片，它的大小完全由 priority 决定；rt_priority 是实时优先级，这是实时进程所特有的，用于实时进程间的选择。首先，Linux 根据 policy 从整体上区分实时进程和普通进程，因为实时进程和普通进程度调度是不同的，它们两者之间，实时进程应该先于普通进程而运行，而对于同一类型的不同进程，采用不同的标准来选择进程。

(1)普通进程调度。Linux 采用动态优先调度，选择进程的依据就是进程 counter 的大小。进程创建时，优先级 priority 被赋一个初值，一般为 0～70 之间的数字，这个数字同时也是计数器 counter 的初值，就是说进程创建时两者是相等的。字面上看，priority 是“优先级”、counter 是“计数器”的意思，然而实际上，它们表达的是同一个意思——进程的“时间片”。priority 代表分配给该进程的时间片，counter 表示该进程剩余的时间片。在进程运行过程中，counter 不断减少，而 priority 保持不变，以便在 counter 变为 0 的时候(该进程用完了所分配的时间片)对 counter 重新赋值。当一个普通进程的时间片用完以后，并不马上用 priority 对 counter 进行赋值，只有所有处于可运行状态的普通进程的时间片(p－>;counter＝0)都用完了以后，才用 priority 对 counter 重新赋值，这个普通进程才有了再次被调度的机会。这说明，普通进程运行过程中，counter 的减小给了其他进程得以运行的机会，直至 counter 减为 0 时才完全放弃对 CPU 的使用，这就相当于优先级在动态变化，所以称之为动态优先调度。至于时间片这个概念，和其他不同操作系统一样，Linux 的时间单位也是“时钟滴答”，只是不同操作系统对一个时钟滴答的定义不同而已(Linux 为 10ms)。进程的时间片就是指多少个时钟滴答，比如，若 priority 为 20，则分配给该进程的时间片就为 20 个时钟滴答，也就是 20 * 10ms＝200ms。Linux 中某个进程的调度策略(policy)、优先级(priority)等可以作为参数由用户自己决定，具有相当的灵活性。内核创建新进程时分配给进程的时间片缺省为 200ms(更准确的，应为 210ms)，用户可以通过系统调用改变它。

(2)实时进程调度。对于实时进程来说，Linux 采用了两种调度策略，即 FIFO(先来先服务调度)和 RR(时间片轮转调度)。因为实时进程具有一定程度的紧迫性，所以衡量一个实时进程是否应该运行，Linux 采用了一个比较固定的标准。实时进程的 counter 只是用来表示该进程的剩余时间片，并不作为衡量它是否值得运行的标准，这和普通进程是有区别的。上面已经看到，每个进程有两个优先级，实时优先级就是用来衡量实时进程是否值得运行。这一切看来比较麻烦，但实际上 Linux 中的实现相当简单。Linux 用函数 goodness()来衡量一个处于可运行状态的进程值得运行的程度。该函数综合了上面提到的各个方面，给每个处于可运行状态的进程赋予一个权值(weight)，调度程序以这个权值作为选择进程的唯一依据。Linux 根据 policy 的值将进程总体上分为实时进程和普通进程，提供了三种优先级。

第一，静态优先级(priority)。被称为“静态”是因为它不随时间而改变，只能由用户进行修改。它指明了在被迫和其它进程竞争 CPU 之前该进程所应该被允许的时间片的最大值。每个普通进程都有一个静态优先级，内核为其分配的优先级数为：100(高优先级)－139(低优先级)。数值越大，优先级越低。新创建的进程一般继承父进程的优先级，但是用户可以通过给 nice()函数传递“nice value”或者 setpriority()改变优先级。

第二，动态优先级(counter)。只要进程拥有 CPU，它就随着时间不断减小；当它小于 0 时，标记进程重新调度。它指明了在这个时间片中所剩余的时间量。counter 即系统为每个进程运行而分配的时间片，Linux 兼用它来表示进程的动态优先级。只要进程拥有 CPU，它就随着时间不断减小；当它为 0 时，标记进程重新调度。它指明了在当前时间片中所剩余的时间量(最初为 20)。事实上，进程在调度的时候，调度器只察看动态优先级，其值为 100－139。通过下面的公式可以根据静态优先计算出相应的动态优先级。Dynamicy priority＝max (100, min (static priority－bonus＋5, 139))。

Bonus：0～10，比 5 小，降低动态优先级，反之，可以提高动态优先级。Bonus 和进程的平均睡眠时间有关。

第三，实时优先级(rt_priority)。指明这个进程自动把 CPU 交给哪一个进程；

较高权值的进程总是优先于较低权值的进程。如果一个进程不是实时进程，其优先级就是0，所以实时进程总是优先于非实时进程的(但实际上，实时进程也会主动放弃CPU)，值为1000。Linux把实时优先级与counter值相加作为实时进程的优先权值。较高权值的进程总是优先于较低权值的进程，如果一个进程不是实时进程，其优先权就远小于1000，所以实时进程总是优先。

Linux调度程序运行时，要在所有处于可运行状态的进程之中选择最值得运行的进程投入运行。选择进程的依据是什么呢?

2. 进程调度的函数分析

Linux执行调度的函数是schedule(void)，它选择一个最合适的进程，并且真正进行上下文切换，使得选中的进程得以执行。而reschedule_idle(struct task_struct * p)的作用是为进程选择一个合适的CPU来执行，如果它选中了某个CPU，则将该CPU上当前运行进程的need_resched标志置为1，然后向它发出一个重新调度的处理机间中断，使得选中的CPU能够在中断处理返回时执行schedule函数，真正调度进程p在CPU上执行。在schedule()和reschedule_idle()中调用了goodness()函数。goodness()函数用来衡量一个处于可运行状态的进程值得运行的程度。此外，在schedule()函数中还调用了schedule_tail()函数；在reschedule_idle()函数中还调用了reschedule_idle_slow()。这些函数的实现对理解SMP的调度非常重要，下面一一分析这些函数。先给出每个函数的主要流程图，然后给出源代码，并加注释。

goodness()函数计算一个处于可运行状态的进程值得运行的程度。一个任务的goodness是以下因素的函数：正在运行的任务、想要运行的任务、当前的CPU。goodness返回下面两类值中的一个：1000以下或者1000以上。1000或者1000以上的值只能赋给“实时”进程，从0到999的值只能赋给普通进程。实际上，在单处理器情况下，普通进程的goodness值只使用这个范围底部的一部分，从0到41。在SMP情况下，SMP模式会优先照顾等待同一个处理器的进程。不过，不管是UP还是SMP，实时进程的goodness值的范围是从1001到1099。goodness()函数其实是不会返回−1000的，也不会返回其他负值。由于idle进程的counter值为负，所以如果使用idle进程作为参数调用goodness，就会返回负值，但这是不会发生的。goodness()是个简单的函数，但是它是linux调度程序不可缺少的部分。运行队列中的每个进程每次执行schedule时都要调度它，因此它的执行速度必须很快。

```
//在/kernel/sched.c 中
static inline int goodness(struct task_struct * p, int this_cpu, struct mm_struct * this
_mm)
{
```

```
  int weight;
  /*
   * select the current process after every other
   * runnable process, but before the idle thread.
   * Also, dont trigger a counter recalculation.
   */
weight=-1;
if (p->policy & SCHED_YIELD) /* 如果是实时进程,则 */
    goto out; /* 将 counter 的值赋给 weight,这就给了进程一个大概的权值,count-
    er 中的值表示进程在一个时间片内,剩下要运行的时间. */
  /*
   * Non-RT process-normal case first.
   */
  if (p->policy == SCHED_OTHER) {
     /*
      * Give the process a first-approximation goodness value
      * according to the number of clock-ticks it has left.
      *
      * Don't do any other calculations if the time slice is
      * over..
      */
     weight=p->counter;
     if (! weight) /* weight==0,表示该进程的时间片已经用完,则直接转到标
     号 out */
       goto out;
#ifdef CONFIG_SMP
     /* Give a largish advantage to the same processor...    */
     /* (this is equivalent to penalizing other processors) */
/* 在 SMP 情况下,如果进程将要运行的 CPU 与进程上次运行的 CPU 是一样的,则
最有利,因此,假如进程上次运行的 CPU 与当前 CPU 一致的话,权值加上 PROC_
CHANGE_PENALTY,这个宏定义为 20。 */
     if (p->processor == this_cpu)
          weight+=PROC_CHANGE_PENALTY;
#endif

     /* .. and a slight advantage to the current MM */
     if (p->mm == this_mm || ! p->mm)
```

```
			weight+=1;
		weight+=20-p->nice;
		goto out;
		}

		/*
		 * Realtime process, select the first one on the
		 * runqueue (taking priorities within processes
		 * into account).
		 */
		weight=1000+p->rt_priority; /* 权值加上进程的优先级 */
out:
		return weight; /* 返回值作为进程调度的唯一依据,谁的权值大,就调度其运行 */
}

asmlinkage void schedule(void)
{
		struct schedule_data * sched_data;
		struct task_struct *prev, *next, *p;
		struct list_head *tmp;
		int this_cpu, c;

		spin_lock_prefetch(&runqueue_lock);
		BUG_ON(! current->active_mm);
need_resched_back:
		prev=current;
		this_cpu=prev->processor;

		if (unlikely(in_interrupt())) {
			printk("Scheduling in interrupt\n");
			BUG();
		}
		release_kernel_lock(prev, this_cpu);
		/*
		 * 'sched_data' is protected by the fact that we can run
		 * only one process per CPU.
		 */
```

```
  sched_data=& aligned_data[this_cpu].schedule_data;
  spin_lock_irq(&runqueue_lock);
  /* move an exhausted RR process to be last.. */
  if (unlikely(prev->policy == SCHED_RR))
       if (! prev->counter) {
            prev->counter=NICE_TO_TICKS(prev->nice);
            move_last_runqueue(prev);
       }

  switch (prev->state) {
       case TASK_INTERRUPTIBLE:
            if (signal_pending(prev)) {
                 prev->state=TASK_RUNNING;
                 break;
            }
       default:
            del_from_runqueue(prev);
       case TASK_RUNNING:;
  }
  prev->need_resched=0;

  /*
   * this is the scheduler proper:
   */

repeat_schedule:
  /*
   * Default process to select..
   */
   next=idle_task(this_cpu);
   c=-1000;
   list_for_each(tmp, &runqueue_head) {
      p=list_entry(tmp, struct task_struct, run_list);
      if (can_schedule(p, this_cpu)) {
           int weight=goodness(p, this_cpu, prev->active_mm);
           if (weight > c)
                c=weight, next=p;
```

```
            }
        }

        /* Do we need to re-calculate counters? */
        if (unlikely(! c)) {
            struct task_struct *p;
            spin_unlock_irq(&runqueue_lock);
            read_lock(&tasklist_lock);
            for_each_task(p)
                p->counter=(p->counter >> 1)+NICE_TO_TICKS(p->
                nice);
            read_unlock(&tasklist_lock);
            spin_lock_irq(&runqueue_lock);
            goto repeat_schedule;
        }

        /*
         * from this point on nothing can prevent us from
         * switching to the next task, save this fact in
         * sched_data.
         */
        sched_data->curr=next;
        task_set_cpu(next, this_cpu);
        spin_unlock_irq(&runqueue_lock);

        if (unlikely(prev == next)) {
            /* We won't go through the normal tail, so do this by hand */
            prev->policy &= ~SCHED_YIELD;
            goto same_process;
        }

#ifdef CONFIG_SMP
        sched_data->last_schedule=get_cycles();
#endif /* CONFIG_SMP */

        kstat.context_swtch++;
        /*
```

```
     * there are 3 processes which are affected by a context switch:
     *
     * prev == .... ==> (last=> next)
     *
     * It's the ' much more previous' ' prev' that is on next's stack,
     * but prev is set to (the just run) ' last' process by switch_to().
     * This might sound slightly confusing but makes tons of sense.
     */
    prepare_to_switch();
    {
        struct mm_struct *mm=next->mm;
        struct mm_struct *oldmm=prev->active_mm;
        if (! mm) {
            BUG_ON(next->active_mm);
            next->active_mm=oldmm;
            atomic_inc(&oldmm->mm_count);
            enter_lazy_tlb(oldmm, next, this_cpu);
        } else {
            BUG_ON(next->active_mm != mm);
            switch_mm(oldmm, mm, next, this_cpu);
        }

        if (! prev->mm) {
            prev->active_mm=NULL;
            mmdrop(oldmm);
        }
    }

    /*
     * This just switches the register state and the
     * stack.
     */
    switch_to(prev, next, prev);
    _schedule_tail(prev);

same_process:
    reacquire_kernel_lock(current);
```

```
        if (current->need_resched)
            goto need_resched_back;
        return;
    }
```

schedule()函数的作用是，选择一个合适的进程在CPU上执行，它仅仅根据“goodness”来工作。对于SMP情况，除了计算每个进程的加权平均运行时间外，其他与SMP相关的部分主要由goodness()函数来体现。

流程如下：

(1)将prev和next设置为schedule最感兴趣的两个进程：其中一个是在调用schedule时正在运行的进程(prev)，另外一个应该是接着就给予CPU的进程(next)。注意：prev和next可能是相同的——schedule可以重新调度已经获得cpu的进程。

(2)中断处理程序运行“下半部分”。

(3)内核实时系统部分的实现，循环调度程序(SCHED_RR)通过移动“耗尽的”RR进程——已经用完其时间片的进程一到队列末尾，这样具有相同优先级的其他RR进程就可以获得CPU了。同时，这补充了耗尽进程的时间片。

(4)由于代码的其他部分已经决定了进程必须被移进或移出TASK_RUNNING状态，所以会经常使用schedule，例如，如果进程正在等待的硬件条件已经发生，如果必要，这个switch会改变进程的状态。如果进程已经处于TASK_RUNNING状态，它就无需处理了。如果它是可以中断的(等待信号)，并且信号已经到达了进程，就返回TASK_RUNNING状态。在所有其他情况下(例如，进程已经处于TASK_UNINTERRUPTIBLE状态了)，应该从运行队列中将进程移走。

(5)将p初始化为运行队列的第一个任务；p会遍历队列中的所有任务。

(6)c记录了运行队列中所有进程最好的“goodness”——具有最好“goodness”的进程是最易获得CPU的进程。goodness的值越高越好。

(7)遍历执行任务链表，跟踪具有最好goodness的进程。

(8)这个循环中只考虑了唯一一个可以调度的进程。在SMP模式下，只有任务不在CPU上运行时，即can_schedule宏返回为真时，才会考虑该任务。在UP情况下，can_schedule宏返回恒为真。

(9)如果循环结束后，得到c的值为0。说明运行队列中的所有进程的goodness值都为0。goodness的值为0，意味着进程已经用完它的时间片，或者它已经明确说明要释放CPU。在这种情况下，schedule要重新计算进程的counter；新counter的值是原来值的一半加上进程的静态优先级(priortiy)，除非进程已经释放CPU，否则原来counter的值为0。因此，schedule通常只是把counter初始化为静态优先级(中断处理程序和由另一个处理器引起的分支在 schedule 搜寻 goodness 最大值时都将增加此循环中的计数器,因此由于这个原因计数器可能不会为 0。显然,这很罕见)。在 counter 的值计算完成后,重新开始执行这个循环,找具有最大 goodness 的任务。

(10)如果 schedule 已经选择了一个不同于前面正在执行的进程来调度,那么就必须挂起原来的进程并允许新的进程运行。这时调用 switch_to 进行切换。

二、实验目的

本课题实验的目的是,加深对进程概念及进程管理各个部分内容的理解;熟悉进程管理中主要数据结构的设计及 CPU 调度算法,进程控制机构,同步机构,通信机构的实施。

三、实验内容

要求设置 PCB,进程控制原语,进程调度算法,能描述进程调度中不同进程状态之间的转换,设计一个允许 n 个进程并发运行的进程管理模拟系统。该系统包括简单的进程控制,同步及通信机构,其进程调度算法可任意选择。每个进程用一个 PCB 表示,其内容可根据具体情况设置。各进程之间应有一定的同步关系。系统在运行过程中能显示或打印各进程的状态及有关参数的变化情况,以便观察诸进程的运行过程及系统的管理过程。

范例:支持多个进程并发运行的简单进程管理模拟系统。

1. 问题描述

系统的同步机构采用的是信号量上的 P,V 操作的机制;控制机构包括阻塞和唤醒操作;时间片中断处理程序处理模拟的时间片中断;进程调度程序负责为各进程分配处理机。系统中设计了 3 个并发进程,它们之间有如下同步关系:3 个进程需要互斥使用临界资源 s2,进程 1 和进程 2 又需互斥使用临界资源 s1。本系统在运行过程中随机打印出各进程的状态变换过程,系统的调度过程及公共变量的变化情况。

2. 算法

系统为进程设置了 5 种运行状态:e—执行态;r—高就绪态;t—低就绪态(执行进程因时间片到限而转入);w—等待态;c—完成态。各进程的初始状态均设置为 r。系统分时执行各进程,并规定 3 个进程的执行概率均为 33%。通过产生随机数 x 来模拟时间片。

当进程 process1 访问随机数 x 时,若 $x \geq 0.33$;当进程 process2 访问 x 时,若 $x<0.33$ 或 $x \geq 0.66$;当进程 process3 访问 x 时,若 $x<0.66$,分别认为各进程的执行时间片到限,产生“时间片中断”而转入低就绪态 t。

进程调度算法采用剥夺式最高优先数法。各进程的优先数通过键盘输入予以静态设置。调度程序每次总是选择优先数最小(优先权最高)的就绪进程投入执行。先从 r 状态进程中选择,再从 t 状态进程中选择。当现行进程唤醒某个等待进程,且被唤醒进程的优先数小于现行进程时,则剥夺现行进程的执行权。

各进程在使用临界资源 s1 和 s2 时,通过调用信号量 sem1 和 sem2 上的 P,V 操作来实现同步,阻塞和唤醒操作负责完成从进程的执行态到等待态到就绪态的转换。

系统启动后,在完成必要的系统初始化后便执行进程调度程序。但执行进程因“时间片中断”,或被排斥使用临界资源,或唤醒某个等待资源时,立即进行进程调度。当 3 个进程都处于完成状态后,系统退出运行。

图 4-2 和图 4-3 分别示出了系统主控程序和进程调度程序的大致流程。

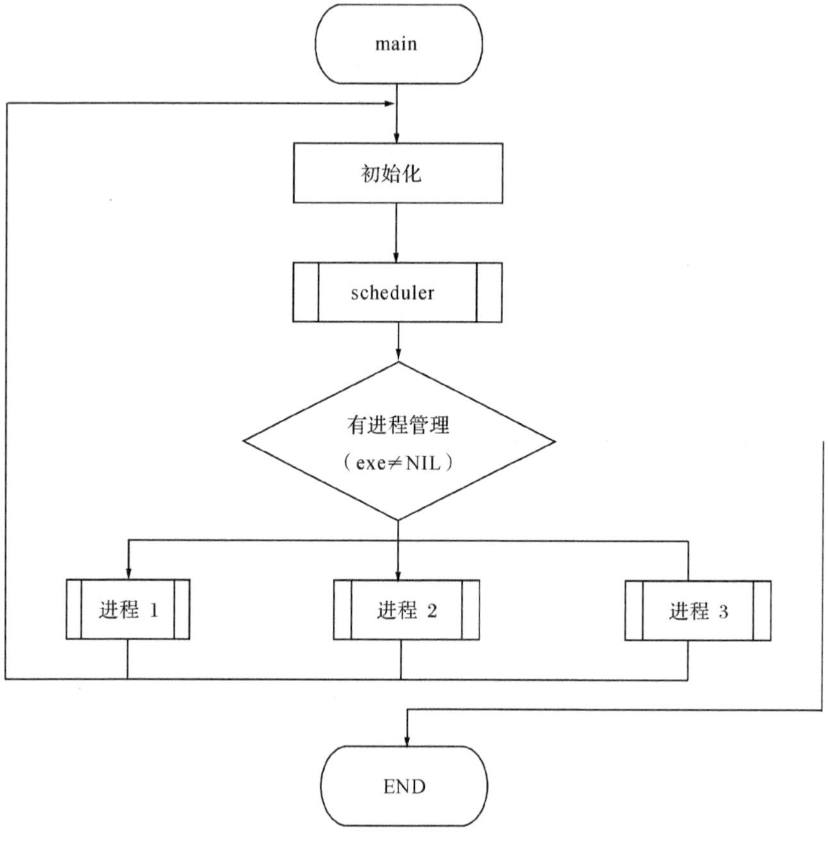

图 4-2　进程管理主控程序

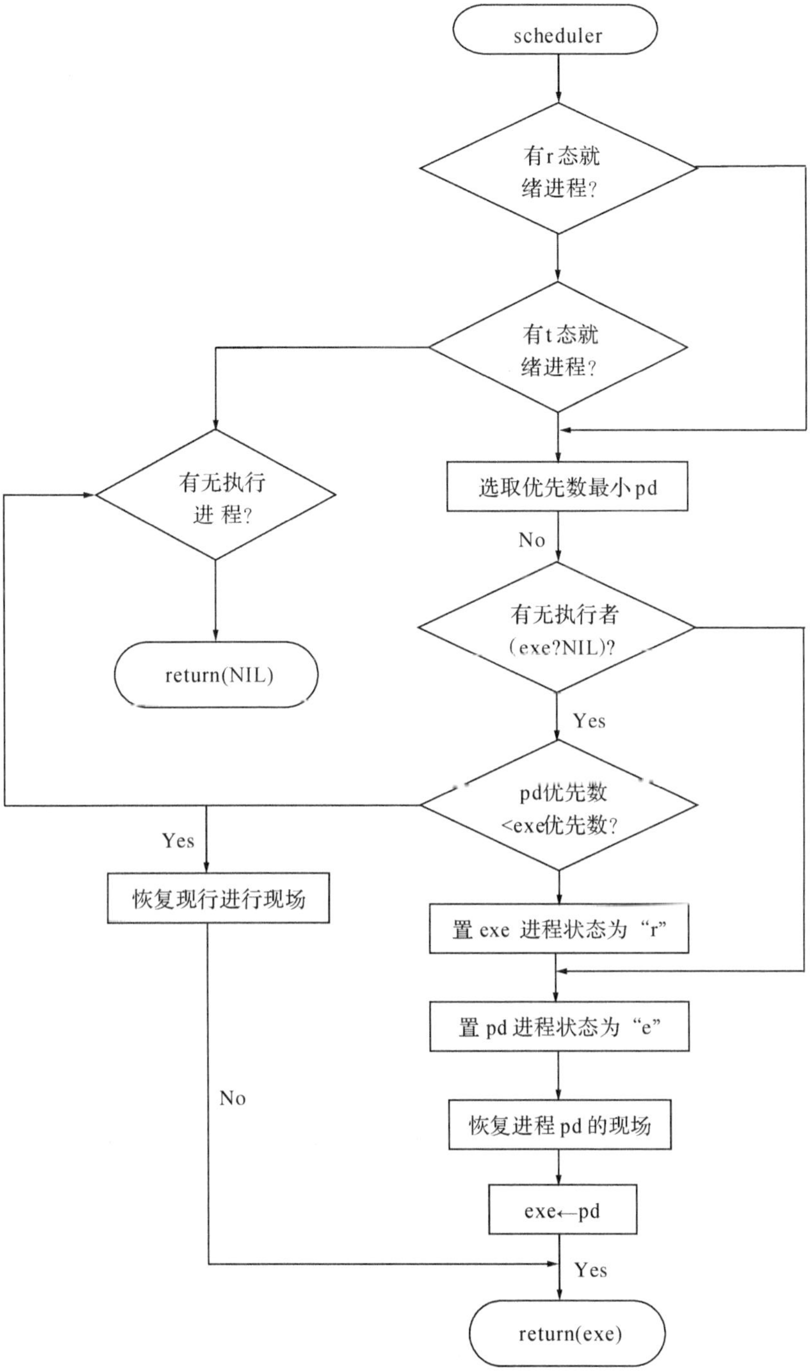
scheduler
有r态就
绪进程?
No
有t态就
绪进程?
有无执行
进 程?
return(NIL)
选取优先数最小pd
No
有无执行者
(exe?NIL)?
Yes
pd优先数
<exe优先数?
Yes
恢复现行进行现场
置 exe 进程状态为 “r”
置 pd 进程状态为 “e”
No
恢复进程 pd 的现场
exe←pd
Yes
return(exe)

图 4-3 进程调度程序

3. 数据结构

(1)每个进程有一个进程控制块PCB,内容包括:

id　　进程控制数,id=0,1,2;

status　　进程状态,可为e、r、t、w、c;

priorty　　进程优先数;

nexrtwr　　等待链指针,只是在同一信号量上等待的下一个进程的标识数。

(2)信号量semaphore,对于临界资源s1和s2分别有sem1和sem2均为互斥信号量。内容包括:

value　　信号量值,初值为1;

firstwr　　等待链首指针,指示该信号量上等待的下一个进程标识数。

(3)现场保留区,用数组savearea[3][4]表示,即每一个进程都有一个大小为4个单元的保留区,用来保存被"中断"时的现场信息,如通用寄存器的内容和断点地址等。此外,系统中还用到下列主要全程变量:

exe　　执行进程指针,其值为进程标识数;

i　　用来模拟一个通用寄存器;

addr　　用来模拟程序计数器;

s1,s2　　两个公用变量,与来共享临界资源。

4. 程序清单

```
#include<stdio.h>
#define TRUE 1
#define FALSE 0
#define MAXPRI 100
#define NIL-1
struct{
int id;
char status;
int nextwr;
int priority;
}pcb[3];
struct{
    int value;
    int firstwr;
    }sem[2];
char savearea[3][4],addr;
int i,s1,s2,seed,exe=NIL;
```

```
init()    /* initialization */
{   int       j;
  for      (j=0;j<3;j++)
        {
        pcb[j].id=j;
        pcb[j].status='r';
        pcb[j].nextwr=NIL;
        printf("\n process%d priority?",j+1);
        scanf("%d",&i);
        pcb[j].priority=i;
        }
        sem[0].value=1;sem[0].firstwr=NIL;
        sem[1].value=1;sem[1].firstwr=NIL;
   for(i=1;i<3;i++)
     for(j=0;j<4;j++)
        savearea[i][j]='0';
}
float random()
{int m;
if (seed<0)m=--seed;
else m=seed;
seed=(25173*seed+13849)%65536;
return(m/32767.0);
}
timeint(ad)      /* time slice interrupt */
char ad;
      {
float x;
      x=random();
      if((x<0.33)&&(exe==0))return(FALSE);
      if((x<0.66)&&(exe==1))return(FALSE);
      if((x<1.0)&&(exe==2))return(FALSE);
   savearea[exe][0]=i;
   savearea[exe][1]=ad;
   pcb[exe].status='t';
    printf("Time silce interrupt '\nprocess%d enter inro ready.\n",exe+1);
    exe=NIL;
```

```
    return(TRUE);
    }
scheduler()
{int pd;
  if((pd=find())==NIL&&exe==NIL)
return(NIL);    /* quit system */
  if(pd!=NIL){
    if(exe==NIL){
        pcb[pd].status='e';
        exe=pd;
        printf("process%d is executing.\n",exe+1);
    }
  else if(pcb[pd].priority<pcb[exe].priority)
{
        pcb[exe].status='r';
        printf("process%d enter into ready\n",exe+1);
        pcb[pd].status='e';
        exe=pd;
        printf("process%d is executing\n",exe+1);
        }
      }
        i=savearea[exe][0];
        addr=savearea[exe][1];
        return(exe);
}
  find()
      {  int j,pd=NIL,w=MAXPRI;
     for (j=0;j<3;j++)
     if(pcb[j].status=='r')
       if (pcb[j].priority<w){
       w=pcb[j].priority;pd=j;
       }
       if (pd==NIL)
       for (j=0;j<3;j++)
       if(pcb[j].status=='t')
       if(pcb[j].priority<w){
       w=pcb[j].priority;pd=j;
```

```
        }
        return (pd);
    }
    p(se,ad)
    int se;
      char ad;
      { if(--sem[se].value>=0) return(FALSE);
      block(se);
        savearea[exe][0]=i;
        savearea[exe][1]=ad;
        exe=NIL;
        return(TRUE);
    }
    block(se)
     int se;
     {
          int w;
          printf("process%d is blocked\n",exc+1);
          pcb[exe].status=' w ';
          pcb[exe].nextwr=NIL;
          if((w=sem[se].firstwr)==NIL)
    sem[se].firstwr=exe;
       else{
       while(pcb[w].nextwr! =NIL)
       w=pcb[w].nextwr;
       pcb[w].nextwr=exe;
       }
  }
  v(se,ad)
  int se;
  char ad;
  {
  if(++sem[se].value>0)    return(FALSE);
  wakeup(se);
  savearea[exe][1]=ad;
  savearea[exe][0]=i;
  return (TRUE);      /* scheduler */
```

```
}
wakeup(se)
int se;
{
   int w;
   w=sem[se].firstwr;
   if(w! =NIL){
sem[se].firstwr=pcb[w].nextwr;
     pcb[w].status='r';
     printf("process%d is waken up\n",w+1);
     }
      }
process1()
{
  if(addr=='a')goto a1;
  if(addr=='b')goto b1;
  if(addr=='c')goto c1;
  if(addr=='d')goto d1;
  if(addr=='e')goto e1;
  if(addr=='f')goto f1;
for(i=1;i<6;i++)
{
       printf("process1   calls P on the semaphore 1\n");
       if(p(0,'a'))   break;   /*   process 1 is blocked */
      a1:  printf("process1 is executing in the cretical section 1\n");
      if(timeint('b')) break;
  b1:  printf("s1%d\n",++s1);
  printf("process1 calls V on semaphore1 and quit cretical section 1.\n");
    if(v(0,'c')) break;
  c1:  printf("process1 calls P on semaphore1 2.\n");
  if(p(1,'d')) break;
  d1:   printf("process1 is executing cretical section 2.\n");
    if(timeint ('e')) break;
  e1:  printf("s2=%d\n",++s2);
    printf("process1 calls V on semephore2 and quit cretical section2.\n");
    if(v(1,'f'))break;
  f1:   printf("process1 cycle count=%d\n",i);
```

```
        }
  if(i<6) return;
  eexit(0);
  }
process2()
{
  if(addr=='a')goto a2;
  if(addr=='b')goto b2;
  if(addr=='c')goto c2;
  if(addr=='d')goto d2;
  if(addr=='e')goto e2;
  if(addr=='f')goto f2;
for(i=1;i<6;++i)
{
  printf("process2 calls Pon semephore2\n");
  if(p(1,'a')) break;
a2:   printf("process2 is executing on the cretical section2\n");
   if(timeint('b'))   break;
b2:   printf("s2=%d\n",++s2);
   printf("process2 calls V on semephore2 and quit cretical section2.\n");
   if(v(1,'c')) break;
c2:   printf("process2 calls P on semaphore1.\n");
   if(p(0,'d')) break;
d2:   printf("process2 is executing cretical section1.\n");
   if(timeint('e')) break;
e2:   printf("s1=%d\n",++s1);
   printf("process2 calls V on semephore1 and quit cretical section1.\n");
   if(v(0,'f')) break;
f2:   printf("process2 cycle count=%d\n",i);
   }
   if(i<6) return;
   eexit(1);
}
process3()
{
  if(addr=='a')goto a3;
  if(addr=='b')goto b3;
```

```
    if(addr=='c')goto c3;
  for(i=1;i<6;++i)
  {
      printf("process3 calls P on semaphore2\n");
      if(p(1,'a')) break;
  a3:   printf("process3 is executing on the cretical section \n");
    if(timeint('b')) break;
  b3:   printf("s2=%d\n",++s2);
    printf("process3 calls V on semaphore2 and quit cretical section.\n");
    if(v(1,'c')) break;
  c3:   printf("process3 cycle count=%d\n");
  }
      if(i<6)   return;
      eexit(2);
  }
  eexit(n)
  int n;
  {
    pcb[n].status='c';
    printf("process%d is completed ! \n",n+1);
    exe=NIL;
  }
  main()
  {
    int k;
    printf("****process management*******\n\n");
    init();
    printf("s1=%d,s2=%d\n",s1,s2);
    printf("process1,process2,process3 are all in ready1\n");
    for(;   ;)
    if((k=scheduler())! =NIL)
    switch(k)   {
        case 0 : process1();
          break;
        case 1 : process2();
          break;
        case 2 : process3();
```

```
        break;
    default: printf("process identifer error\n");
        break;
        }
    else break;
    printf("s1=%d,s2=%d\n",s1,s2);
    printf("\n ******END********\n");
}
```

5. 试给出测试数据和程序运行结果

四、上机思考题

试分析上面程序,并修改上述程序实现非剥夺式最高优先数调度算法。

实验二　CPU 各种调度算法

一、预备知识

与实验一相同。

二、实验目的

加深对进程概念及进程管理各个部分内容的理解;熟悉进程管埋中主要数据结构的设计及 CPU 调度算法,进程控制机构,同步机构,通信机构的实施。

三、实验内容

要求设置 PCB,进程控制原语,进程调度算法,能描述进程调度中不同进程状态之间的转换,设计一个允许 n 个进程并发运行的进程管理模拟系统。该系统包括有简单的进程控制,同步及通信机构,其进程调度算法可任意选择。每个进程用一个 PCB 表示,其内容可根据具体情况设置。各进程之间应有一定的同步关系。系统在运行过程中能显示或打印各进程的状态及有关参数的变化情况,以便观察各个进程的运行过程及系统的管理过程。实现各种调度算法

```
#include <stdio.h>
#include <stdlib.h>
```

```
#include <string.h>
#include <ctype.h>
/*进程控制块数据结构*/
typedef struct process_node
{
  char name[10];/*进程名*/
  int prio;       /*进程优先级*/
  int round;      /*进程分配的时间片*/
  int cputime;    /*进程消耗的CUP时间*/
  int needtime;/*进程需要的CUP时间*/
  int count;      /*进程运行时间*/
  char state;     /*进程的状态:'R':运行,'W':等待,'F':结束*/
  struct node *next;/*指向下一个进程的指针*/
}PCB;

PCB *finish,*ready,*tail,*run;/*指向三个队列队首的指针,tail为就绪队列的队尾指针*/
int N;/*定义进程的数目*/
  /*
  函数功能:将进程就绪队列中第一个放进就绪队列
  函数原型:void insert_Ready(void)
  函数参数:void
  函数返回值:void */
void insert_Ready()
{
  if(ready!=NULL)
  {
      run=ready;
      ready=ready->next;
      run->state='R';
      run->next=NULL;
  }
  else
  {
      run=NULL;


  }
```

```
}

/*
函数功能:输出进程信息的标题函数
函数原型:void prt1(char a)
函数参数:char a:a=='p'为优先级,=='r'为时间片轮转
函数返回值:void
*/
void prt1(char a)
{
   if(toupper(a)=='P')
   {
        printf(" name   cputime   needtime   priority   state \n");
   }
   else
   {
        printf(" name   cputime   needtime   count   round   state \n");
   }
}

/*
函数功能:输出单个进程信息的函数
函数原型:void prt2(char a,PCB *p)
函数参数:char a:a=='p'为优先级,=='r'为时间片轮转
PCB *p 为指向待输出的进程控制块的指针
函数返回值:void
*/
void prt2(char a,PCB *p)
{
   if(toupper(a)=='P')
   {
 printf("%-10s,%-10d,%-10d,%-10d,%-5c\n",p->name,p->cputime,p
 ->needtime,p->prio,p->state);
     }
     else
     {
```

```
printf("%-10s,%-10d,%-10d,%-10d,%-10d,%-5c\n",p->name,p->
cputime,p->needtime,p->count,p->round,p->state);
    }
}

/*
函数功能:输出所有进程信息的函数
函数原型:void prt(char algo)
函数参数:char a:a=='p'为优先级,=='r'为时间片轮转
函数返回值:void
*/
void prt(char algo)
{
    PCB *p;
    prt1(algo);
    if(run!=NULL)
    {
        prt2(algo,run);
    }

    p=ready;
    while(p!=NULL)
    {
        prt2(algo,p);
        p=p->next;
    }

    p=finish;
    while(p!=NULL)
    {
        prt2(algo,p);
        p=p->next;
    }
    getchar();
}

/*
```

```
函数功能:优先级法调度将进程插入到就绪队列算法
函数原型:void insert_priority(PCB *q)
函数参数:PCB *q 待插入的队列进程控制块
优先级越高,插入越靠前
函数返回值:void
*/
void insert_ priority (PCB *q)
{
    PCB *p, *s, *r; /*p,r 用来控制就绪队列滚动,S 指向插入的队列*/
    int b; /*b 作为插入控制标志的*/
    s=q;
    p=ready;
    r=p;
    b=1;
    if(s->prio>=ready->prio)
    {
        s->next=ready;
        ready=s;
    }
    else
    {
        while((p! =NULL)&&b)
        {
            if(p->prio>=s->prio)
            {
                r=p;
                p=p->next;
            }
            else
            {
                b=0;
            }
        }
        s->next=p;
        r->next=s;
    }
}
```

```
/*
函数功能:时间片轮转算法调度将进程插入到就绪队列算法
函数原型:void insert_RR(PCB *q)
函数参数:PCB *q 待插入的队列进程控制块
函数返回值:void
*/
void insert_RR(PCB *q)
{
    tail->next=q;
    tail=q;
    q->next=NULL;
}

/*
函数功能:采用优先级进程调度法时,进程初始化函数
函数原型:void pcreate_task(char algo)
函数参数:char algo
函数返回值:void
*/
void pcreate_task(char algo)
{
    PCB *p;
    int i,time;
    char na[10];
    ready=NULL;
    finish=NULL;
    run=NULL;
    for(i=0;i<N;i++)
    {
        p=(PCB*)malloc(sizeof(PCB));
        printf("Enter the name of process\n");
        scanf("%s",na);
        printf("Enter the time of process\n");
        scanf("%d",&time);
        strcpy(p->name,na);
        p->cputime=0;
```

```
        p->needtime=time;
        p->state='W';
        p->prio=time;

        if(ready==NULL)
        {
            ready=p;
            ready->next=NULL;
        }
        else
        {
            insert_priority(p);
        }
        printf("Output the waiting processes information\n");
        prt(algo);
    }
    firstin();
}

/*
函数功能:采用时间片轮转法进程调度法时,进程初始化函数
函数原型:void rcreate_task(char algo)
函数参数:char algo
函数返回值:void
*/
void rcreate_task(char algo)
{
    PCB *p;
    int i,time;
    char na[10];
    ready=NULL;
    finish=NULL;
    run=NULL;
    for(i=0;i<N;i++)
    {
        p=(PCB *)malloc(sizeof(PCB));
        printf("Enter the name of process\n");
```

```
            scanf("%s",na);
            printf("Enter the time of process\n");
            scanf("%d",&time);
            strcpy(p->name,na);
            p->cputime=0;
            p->needtime=time;
            p->count=0;
            p->state='W';
            p->round=2;
            if(ready!=NULL)
            {
                insert_RR(p);
            }
            else
            {
                p->next=ready;
                ready=p;
                tail=p;
            }
            printf("Output the waiting processes information\n");
            prt(algo);
        }
        run=ready;
        ready=ready->next;
        run->state='R';

}

/*
函数功能:采用优先级进程调度法时,进程调度函数
函数原型:void priority(char algo)
函数参数:char algo:进程调度类别标志:'P'优先级;'R'时间片轮转
函数返回值:void
*/

void priority(char algo)
{
```

```
    while(run! =NULL)
    {
        run->cputime+=1;
        run->needtime-=1;
        run->prio-=3;
        if(run->needtime==0)
        {
            run->next=finish;
            finish=run;
            run->state='F';
            run=NULL;
            firstin();
        }
        else
        {
            if((ready! =NULL)&&(run->prio<ready->prio))
            {
                run->state='W';
                insert_priority(run);
                run=NULL;
                firstin();
            }
        }

        prt(algo);
    }
}

/*
函数功能:采用时间片轮转法进程调度法时,进程调度函数
函数原型:void roundrun(char algo)
函数参数:char algo
函数返回值:void
*/
void roundrun(char algo)
{
    while(run! =NULL)
```

```
    {
        run->cputime=run->cputime+1;
        run->needtime=run->needtime-1;
        run->count=run->count+1;
        if(run->needtime==0)
        {
            run->next=finish;
            finish=run;
            run->state='F';
            run=NULL;
            if(ready!=NULL)
            {
                firstin();
            }
        }
        else
        {
            if(run->count==run->round)
            {
                run->count=0;
                if(ready!=NULL)
                {
                    run->state='W';
                    insert_RR(run);
                    firstin();
                }
            }
        }
        prt(algo);
    }
}

void main()
{
    char algo;
    printf("Choose the type of attemper P: priority R: timeround\n");
    scanf("%c",&algo);
```

```
    printf("Please enter the number of processes N:\n");
    scanf("%d",&N);
    if((algo=='P')||(algo=='p'))
    {
        pcreate_task(algo);
        priority(algo);
    }
    else if((algo=='r')||(algo=='R'))
    {
        rcreate_task(algo);
        roundrun(algo);
    }
}
```

第五章　内存管理

本章重点介绍 Linux 操作系统内核代码的分布情况，尽管基址寄存器和界限寄存器可以用于创建地址空间的抽象，但仍有一个问题需要解决，虽然存储器容量增长快速，但软件大小的增长速度更快，现在微软公司为单用户 Windows 7 系统推荐至少 512MB 内存，且只能运行简单的应用程序，如果运行复杂应用程序则至少 1GB 以上内存。

这一发展的结果是，需要运行的程序往往大到内存无法容纳。在多任务系统中，即便内存可以满足其中某个单独程序的需要，但总体而言，它们之和仍超出物理内存大小。

虚拟内存的基本思想是：每个程序拥有自己的地址空间，这个空间被分割为多个块，每个块称为页面（page）。每个页有连续的地址范围。这些页被映射到物理内存，但并不是所有页都必须在内存中才能运行程序。

Linux 采用了虚拟内存管理技术，使得每个进程都有独立的进程地址空间，该空间是大小为 3G，用户看到和接触到的都是虚拟地址。利用这虚拟地址，不但能起到保护操作系统的功能，更重要的是用户程序可使用比实际物理地址内存更大的地址空间。Linux 将 4G 的虚拟地址空间划分为两部分——用户空间与内核空间。用户空间地址从 0 到 0xbfffffff，内核空间从 3G 到 4G。用户进程通常情况下只能访问用户空间的虚拟地址，不能访问内核空间。用户空间对应进程，每当进程切换，用户空间就会跟着变化。可访问如下文件/proc/＜pid＞/maps，查看每个进程运行的用户空间。

创建进程 fork()、程序载入 execve()、动态分配内存 malloc()等进程相关的操作都需要分配内存给进程。进程申请和获得的不是物理地址，仅仅是虚拟地址。

实际的物理内存只有当进程真的去访问新获得的虚拟地址时，才会由“请页机制”产生“缺页”异常，从而进入分配实际页框的程序。该异常是虚拟内存机制赖以存在的基本保证——它会告诉内核去为进程分配物理页，并建立对应的页表，这之后虚拟地址才实实在在地映射到物理地址上。

主存是 CPU 能直接存取指令和数据的存储器，能否合理而有效地使用它，在很大程度上将影响整个计算机系统的性能。

本章安排了四个实验，实验一和实验二帮助学生理解在不同的存储管理方式下，如何实现主存空间的分配与回收。其中实验一是动态分区管理的主存分配与回收，实验二是页式管理的主存分配与回收。实验三帮助学生理解虚拟存储管理的概念，要求实现一个虚拟存储器页面置换算法的模拟程序。实验四帮助学生理解 Linux 系统内核对于缺页的处理。

实验一　动态分区管理的主存分配与回收

一、预备知识

动态分区是指在系统运行的过程中建立分区，并使分区的大小刚好与作业(或进程)的大小相等。这种存储管理的方法解决了固定分区严重浪费内存的问题，是一种较为实用的存储管理方法。采用动态分区管理方式时，主存除操作系统占用区域外的空间被看做是一个大的空闲分区。当进程要求装入主存时，根据进程需要查询主存空闲分区。当从主存空间找到一个大于或等于该进程空间大小的空闲分区时，选择其中一个空闲区，按进程要求的大小划出一个分区并装入该作业。进程执行完后，它所占用的主存空间被收回，成为一个空闲区。如果刚回收的空闲区相邻的分区也是空闲区，则要考虑将相邻的空闲区合并为一个空闲区。图 5-1 是系统运行了一段时间后的主存空间占用情况。

要实现动态分区的分配和回收，必须考虑以下问题：第一，设计记录主存使用情况的数据结构，用来记录空闲区和进程占用的主存分区；第二，在此数据结构的基础上设计主存分配算法和主存的回收算法。

主存分配时查找空闲区进行分配，然后填写已分配区登记表，主要操作在空闲区；主存回收时，将进程占用的主存分区变成空闲区，同时查看空闲区登记表中是否有空闲区与回收的空闲区相邻并合并，主要操作也在空闲区。由此可见，主存的分配和回收主要是对空闲区的操作。为了便于对主存空间的分配与回收，可建立两张分区表记录主存使用情况："空闲分区登记表"用来记录空闲区，"已分配区登记表"记录进程占用的分区。

在以上数据结构上进行主存的分配，其主存分配算法可以采用首次适应算法

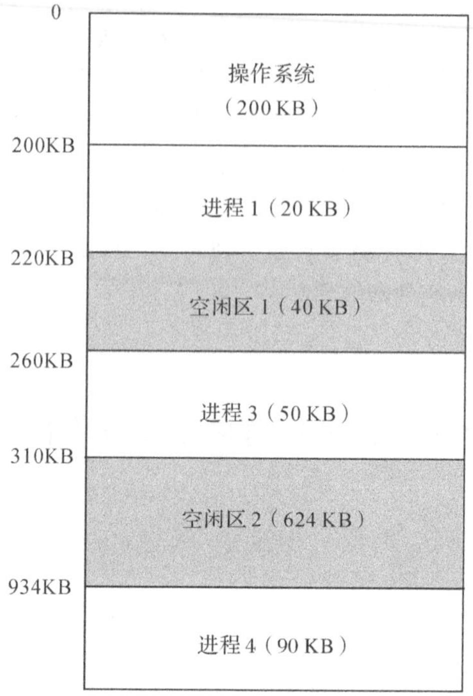

图 5-1　主存空间占用情况

或最佳适应算法。若采用首次适应算法，空闲分区以地址递增的次序排列，从低地址空闲分区起查找满足要求的分区分配给进程，有多余部分则成为新的分区放入空闲分区登记表中。若采用最佳适应算法，空闲分区则按分区大小从小到大排列，查找时把最小的、满足要求的空闲分区分给进程。

在实现回收时，先在"已分配区表"中找到进程归还的区域，且使该表目为空，检查"空闲分区登记表"中的空闲分区，查找是否有空闲分区与回收的分区相邻，如有则对空闲分区进行合并，修改"空闲分区登记表"。

二、实验目的

1. 掌握动态分区管理方式的原理。

2. 掌握动态分区管理时所用的数据结构及基于该数据结构的主存分配和回收算法。

3. 掌握几种常用的分配算法，如首次适应法、最佳适应法。

三、实验内容

编写程序实现动态分区存储管理方式的主存分配和回收，主存分配算法采用首次适应算法。

难度 1 要求：主程序可以实现主存分配和主存回收功能。主存分配时，输入所需主存空间大小，程序按照“空闲分区登记表”按照首次适应算法挑选合适的分区分配给进程；主存回收时，输入要回收的分区的起始地址和分区大小。能循环进行主存的分配和回收。

难度 2 要求：主程序可由用户选择进行主存分配或主存回收操作，所需参数是：若是主存分配，输入作业（进程）名和所需主存空间大小；若是回收，输入回收作业（进程）的作业号（进程号）。能循环进行主存分配和回收。

以下，以难度 1 要求，对实验内容的思路进行说明。

1. 数据结构

可变式分区管理是指在处理进程过程中建立分区，使分区大小正好适合进程的需要。为了反映主存的使用情况，系统需要建立一张空闲分区说明表和已分配区说明表，分别记录哪些分区是空闲的，哪些分区被占用，被哪个作业（或进程）占用。根据图 5-1，这两个表可以被初始化为表 5-1 和 5-2。

表 5-1 空闲分区说明表

起始地址	长度	状态
220KB	40KB	未分配
310KB	624KB	未分配
		空表目
…	…	…

表 5-2 已分配区说明表

起始地址	长度	状态
200KB	20KB	
220KB	40KB	0
260KB	50KB	3
934KB	90KB	4
…	…	…

表 5-1 和表 5-2 中的起始地址指出各分区的主存起始地址，长度指出各分区的大小。对于状态，表 5-1 空闲分区说明表中如是有效的空闲区，状态位可以用 1 表示，如是空表目，状态位可以用 0 表示；表 5-2 已分配区说明表中如果是空表目，可以用 0 表示；如果是已占用的分区，状态位可以用对应的进程号（非零正整数）标识。

由于分区个数不固定，所以表 5-1 和表 5-2 都应有足够的空表目项，否则会导致无法正常运行。

2. 使用首次适应法分配算法

当有一个新进程要求装入主存时，必须先查表 5-1 空闲分区说明表，从中找出一个足够大的空闲区。若找到的空闲区大于进程需求量，此时应将空闲区一分为二，一部分分配给进程，另一部分仍作为空闲区留在空闲分区说明表中，再在已分配表中找一个空表目，登记刚刚分配的内存始址、长度和进程号。在这里采用首次适应法，尽可能分配低地址部分的空闲区，将较大空闲区留在高地址端，以利于大进程的装入。为此，在空闲分区说明表中，按空闲区首地址从低到高进行登记。为了便于快速查找，要不断地对表格进行紧缩，即让“空表目”项留在表的后面。首次适应法的分配流程如图 5-2 所示。

3. 回收算法

当一个进程执行完成时，需要释放进程占用的分区。在释放时，要考虑回收区是否有相邻的空闲区，若有，应该合并。进程的回收区与空闲区是否相邻接，分下面四种情况考虑，详见图 5-3 所示：

(a)回收区下邻(低地址邻接)空闲区 F1；

(b)回收区上邻(高地址邻接)空闲区 F2；

(c)回收区与空闲区 F1 和 F2 都邻接；

(d)回收区与空闲区 F1 和 F2 都不邻接。

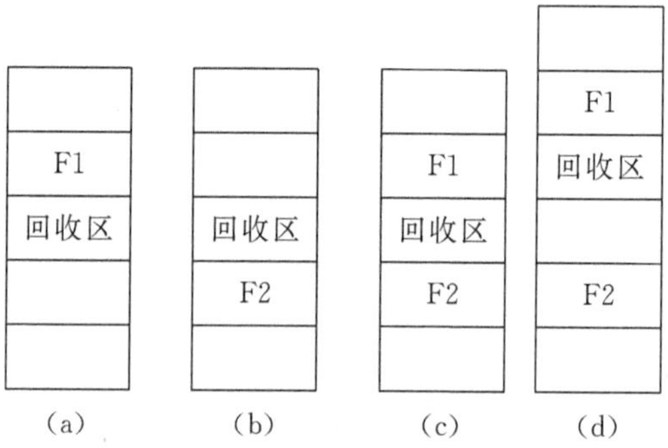

图 5-3 主存回收时的情况

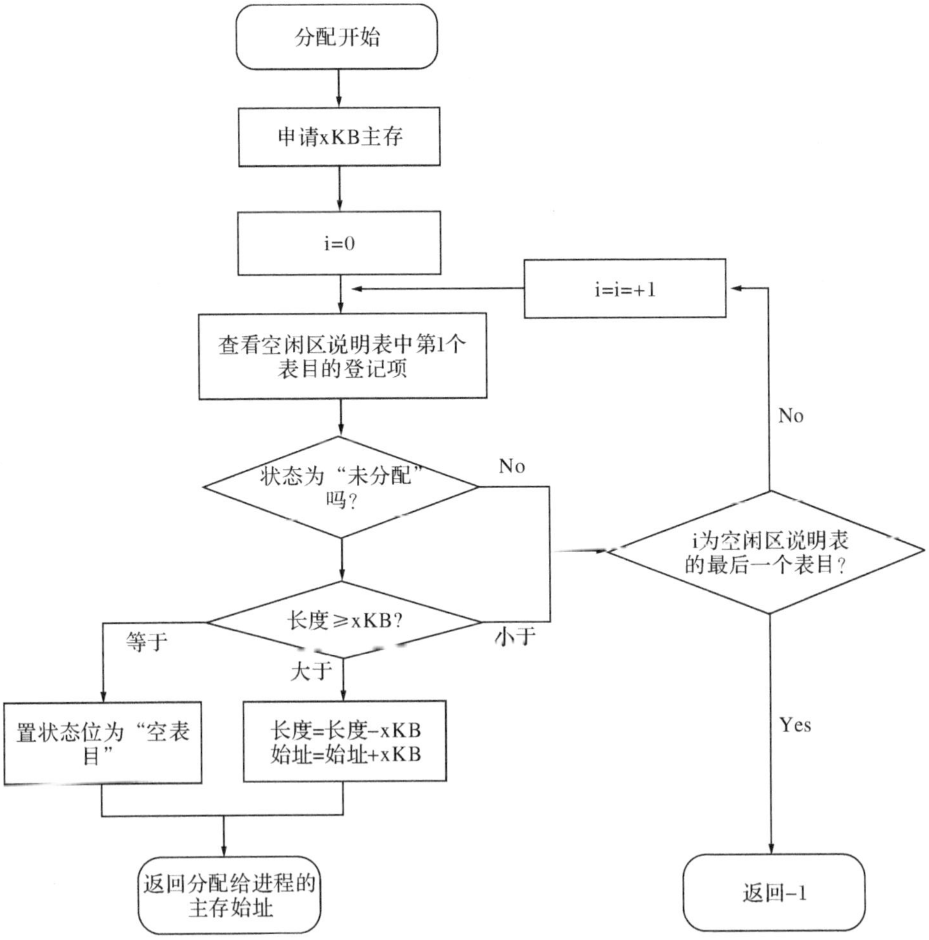

图 5-2　首次适应法分配主存空间流程图

回收算法流程图如下：

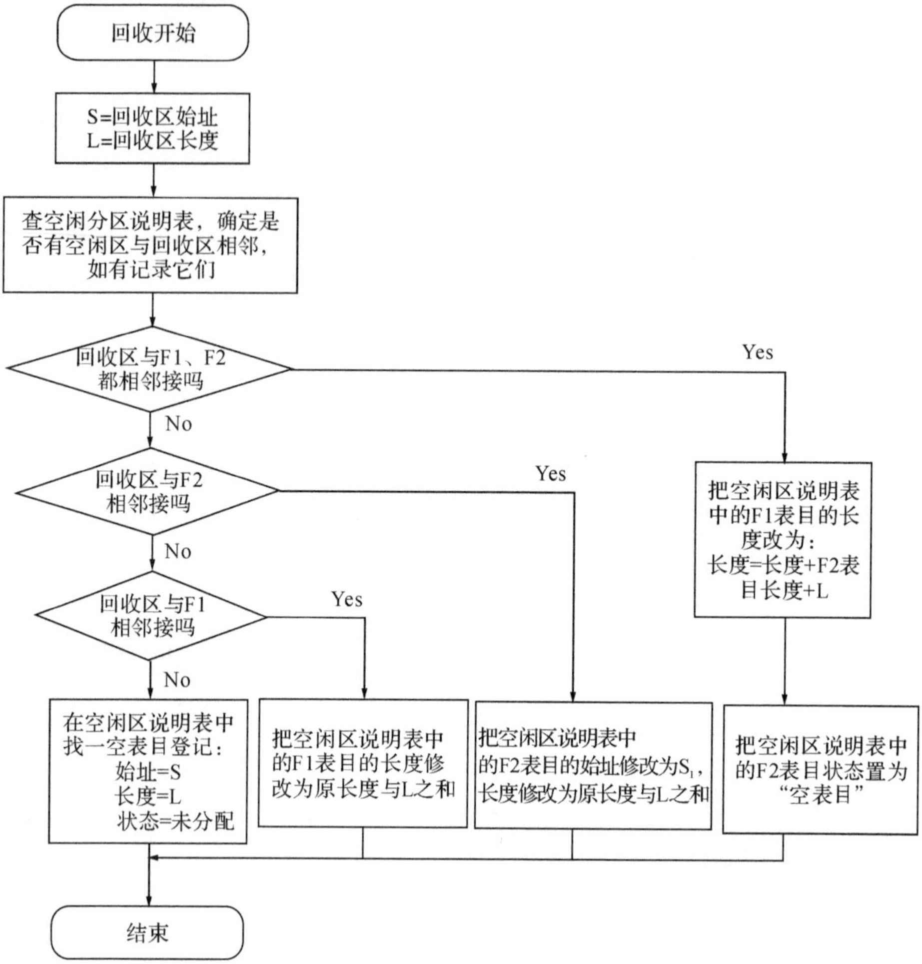

图 5-4　动态分区主存回收算法流程图

4. 主程序流程

主程序中可以循环进行主存的分配和回收。当用户选择开始分配主存时，需要输入主存的大小，主程序会调用首次适应法主存分配算法进行主存分配，当进程结束需要回收其所占用的主存空间时，输入需要回收的主存空间的起始地址和主存大小，主程序调用主存回收算法。主程序流程图如图 5-5 所示。该程序的数据结构只使用了空闲分区说明表，未使用已占用分区说明表。

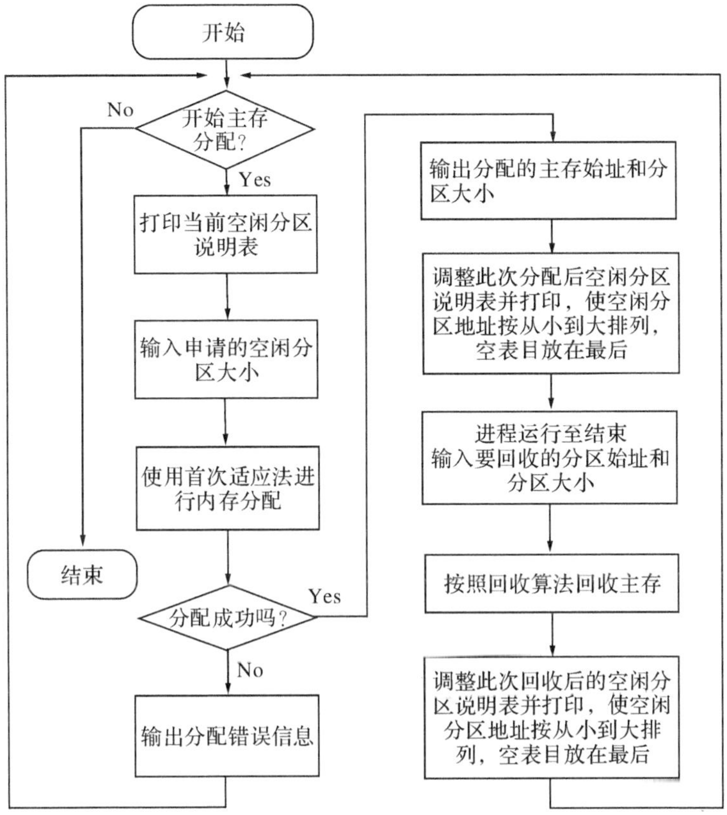

图 5-5　主程序流程图

5．示例代码

示例程序中的主存初始状态和图 5-1 及表 5-1、表 5-2 一致。具体代码如下：

```
#include <stdio.h>
#include <stdlib.h>
#include <memory.h>

#define N 5      /* 空闲区说明表中的记录数 */
struct freePartition           /* 空闲区说明表 */
{
    int startAddress;           /* 空闲区起始地址 */
    int size;                   /* 空闲区大小 */
    int state;                  /* 空闲区状态:0 为空表目,1 为可用空闲块 */
```

```
};
struct freePartition freeBlock[N]={{20, 20, 1}, {80, 50, 1}, {150, 100, 1}, {300,
30, 0}, {600, 100, 1}};

/*
-------------------------------------------
*                    alloc()函数
* 函数功能:为作业分配主存空间
* 函数参数:param1 : sizeRequest——作业所申请的空闲区大小
* 函数返回值:如果找到符合要求的空闲区,则返回为作业分配的空闲区的起始地址
*                  否则,返回-1
*-----------------------------------------*/
int alloc(int sizeRequest)
{
    int i;
    /* flagFind 为是否找到符合要求的空闲块的标记:找到为1,未找到为0  */
    flagFind=0;
    int returnAddress;
    for (i=0; i < N; i++)
    {
      if (freeBlock[i].state == 1  && freeBlock[i].size >=sizeRequest)
      {
          /* 返回为作业分配的主存地址  */
          returnAddress=freeBlock[i].startAddress;
          flagFind=1;
          if (freeBlock[i].size > sizeRequest)
          {
              freeBlock[i].startAddress=freeBlock[i].startAddress+sizeRequest;
              freeBlock[i].size=freeBlock[i].size-sizeRequest;
              goto END;
          }
          if (freeBlock[i].size == sizeRequest)
          {
              freeBlock[i].state=0;
              goto END;
          }
      }
```

```
  }
  if (flagFind == 0)
    returnAddress=-1;
END: return returnAddress;
}

/*---------------------------------------------------------------------
*                   setFree()函数
* 函数功能:主存回收函数
* 函数参数:param1:startAddress 回收区的起始地址
*              param2:size          回收区的大小
* 函数返回值:无返回值
*--------------------------------------------------------------------*/
void setFree(int startAddress, int size)
{
    int i, indexLinkNext, indexLinkPre;
    /* tagLinkNext 用来标记回收区的高地址是否邻接一个空闲区，邻接为 1,否则
    为 0; */
    /* tagLinkPre 用来标记回收区的低地址是否邻接一个空闲区,邻接为 1,否则为
    0; */
    int tagLinkPre=0, tagLinkNext=0;
    for (i=0; i < N; i++)
    {
      /* 检查当前空闲区说明表中的表目是否是回收区的 F2 邻接区 */
      if (freeBlock[i].startAddress == startAddress+size && freeBlock[i].state =
      = 1)
      {
          tagLinkNext=1;
          indexLinkNext=i;
      }
      /* 检查当前空闲区说明表中的表目是否是回收区的 F1 邻接区 */
      if (freeBlock[i].startAddress+freeBlock[i].size==startAddress
          && freeBlock[i].state==1)
      {
        tagLinkPre=1;
        indexLinkPre=i;
    }
```

```
        /* 如果回收区的 F1 邻接区和 F2 邻接区都已找到,则跳出循环    */
        if (tagLinkPre && tagLinkNext)
            break;
    }
    if (tagLinkPre && tagLinkNext)   /* 如果回收区与 F1 和 F2 都邻接 */
    {
        freeBlock[indexLinkPre].size+=freeBlock[indexLinkNext].size+size;
        freeBlock[indexLinkNext].state=0;
    }
    else if (tagLinkNext)             /* 如果回收区与 F2 相邻接   */
    {
        freeBlock[indexLinkNext].startAddress=startAddress;
        freeBlock[indexLinkNext].size+=size;
    }
    else if (tagLinkPre)              /* 如果回收区与 F1 相邻接    */
        freeBlock[indexLinkPre].size+=size;
    else                              /* 如果回收区与 F1、F2 都不邻接 */
    {
        for (i=0; i < N; i++)
        {
            if (freeBlock[i].state == 0)
            {
                freeBlock[i].startAddress=startAddress;
                freeBlock[i].size=size;
                freeBlock[i].state=1;
                break;
            }
        }
    }
}

/*------------------------------------------------------------------------
*                   adjustFreeTable()函数
*   函数功能:对空闲区说明表中的空闲区进行调整
*                 使空闲区按起始地址从小到大排列,空表目放在后面
*   函数参数:无参数
*   函数返回值:无返回值
```

```
*------------------------------------------*/
void adjustFreeTable()
{
struct freePartition tmp;
int numEmptyRecord=0;
int emptyRecord[N];
int i, j;
for (i=0; i< N; i++)
  emptyRecord[i]=-1;
/*统计空闲分区说明表中的空表目数,并在 emptyRecord 中记录空表目的编号*/
for (i=0, j=0; i< N; i++)
{
  if (freeBlock[i].state == 0)
  {
      numEmptyRecord++;
      emptyRecord[j++]=i;
  }
}

/* 逆序搜索空闲分区说明表中的空闲块登记项,并将其与空白表项交换 */
for (i=N-1, j=0; i >=N-numEmptyRecord; i--)
{
  if (freeBlock[i].state == 1)
  {
      // 把原本散落在空闲表中的空白项先换至空闲表尾部
      tmp.state=freeBlock[i].state;
      tmp.startAddress=freeBlock[i].startAddress;
      tmp.size=freeBlock[i].size;

      freeBlock[i].state=freeBlock[emptyRecord[j]].state;
      freeBlock[i].startAddress=freeBlock[emptyRecord[j]].startAddress;
      freeBlock[i].size=freeBlock[emptyRecord[j]].size;

      freeBlock[emptyRecord[j]].state=tmp.state;
      freeBlock[emptyRecord[j]].startAddress=tmp.startAddress;
      freeBlock[emptyRecord[j]].size=tmp.size;
```

```
        j++;
    }
}

/* 再把前 N-numEmptyRecord 个记录用冒泡排序法按地址从小到大的顺序排列 */
for (i=0; i < N-numEmptyRecord; i++)
{
  for (j=0; j < N-numEmptyRecord-1-i; j++)
  {
      if (freeBlock[j].startAddress > freeBlock[j+1].startAddress)
      {
          tmp.startAddress=freeBlock[j].startAddress;
          tmp.size=freeBlock[j].size;
          tmp.state=freeBlock[j].state;

          freeBlock[j].startAddress=freeBlock[j+1].startAddress;
          freeBlock[j].size=freeBlock[j+1].size;
          freeBlock[j].state=freeBlock[j+1].state;

          freeBlock[j+1].startAddress=tmp.startAddress;
          freeBlock[j+1].size=tmp.size;
          freeBlock[j+1].state=tmp.state;
      }
    }
  }
}

/*-----------------------------------------------
*                  printFreeTable()函数
*   函数功能:打印空闲区说明表
*   函数参数:无参数
*   函数返回值:无返回值
*---------------------------------------------*/
void printFreeTable()
{
  int i;
```

```
    printf("\t\t|————————————————————————————————\t|\n");
    printf("\t\t| start\t\tsize\t\tstate\t\t|\n");
    printf("\t\t|————————————————————————————————\t|\n");

    for (i=0; i < N; i++)
    {
      printf("\t\t| %3d\t\t%3d\t\t%3d\t\t|\n",
        freeBlock[i].startAddress, freeBlock[i].size, freeBlock[i].state);
      printf("\t\t|————————————————————————————————\t|\n");
    }
}

int main()
{
    char requestOrNot, ch;
    int i;
    int requestSize;
    int startAddr;
    int ret=0;
    int releaseStartAddr, releaseSize;

    while (1)
    {
      printf("\nIs there any job request memory? y or n:");
      scanf("%c", &requestOrNot);
      ch=getchar();
      if (requestOrNot == 'y')
      {
          printf("Initially the free memory is as below:\n");
          adjustFreeTable();
          printFreeTable();
          printf("input memory size requested:");
          scanf("%d", &requestSize);
          getchar();    /* 吸收回车符 */

          startAddr=alloc(requestSize);
          if (startAddr ==-1)
```

```
            {
                printf("memory allocation failed.Please wait! \n");
                ret=-1;
                continue;
            }
            else
            {
                printf("allocation successs! \n");
                printf("job's memory start address is:%d, memory size is %d\n",
                       startAddr, requestSize);
                adjustFreeTable();
                printf("after allocation, the free memory is as below:\n");
                printFreeTable();
                printf("job is running.\n");
                printf("job is terminated.\n");
                for (i=0; i < 1000; i++);      //延时
                printf("Please input the start address of the area to be released:\n");
                scanf("%d", &releaseStartAddr);
                getchar();
                printf("Please input the size of the area to be released:\n");
                scanf("%d", &releaseSize);
                getchar();
                setFree(releaseStartAddr, releaseSize);
                adjustFreeTable();
                printf("after free the memory, the free memory is as below:\n");
                printFreeTable();
            }
        }
        else
            break;
    }
  END: return ret;
}
```

6. 示例代码运行结果

该示例代码在 Visual C++6.0、Visual Studio 2010 及 Linux 下都进行过测试,都能正常运行。该示例程序的运行结果如图 5-6、图 5-7、图 5-8 所示。

```
Is there any job request memory? y or n:y
Initially the free memory is as below:
                    | ---------------------------------------------------- |
                    | start            size              state              |
                    | ---------------------------------------------------- |
                    |  20               20                 1               |
                    | ---------------------------------------------------- |
                    |  80               50                 1               |
                    | ---------------------------------------------------- |
                    | 150              100                 1               |
                    | ---------------------------------------------------- |
                    | 600              100                 1               |
                    | ---------------------------------------------------- |
                    | 300               30                 0               |
                    | ---------------------------------------------------- |
input memory size requested:
```

图 5-6　主存分配前运行结果图

```
input memory size requested:80
allocation successs!
job's memory start address is:150, memory size is 80
after allocation, the free memory is as below:
                    | ---------------------------------------------------- |
                    | start            size              state              |
                    | ---------------------------------------------------- |
                    |  20               20                 1               |
                    | ---------------------------------------------------- |
                    |  80               50                 1               |
                    | ---------------------------------------------------- |
                    | 230               20                 1               |
                    | ---------------------------------------------------- |
                    | 600              100                 1               |
                    | ---------------------------------------------------- |
                    | 300               30                 0               |
                    | ---------------------------------------------------- |
job is running.
job is terminated.
Please input the start address of the area to be released:
```

图 5-7　主存分配后的运行结果图

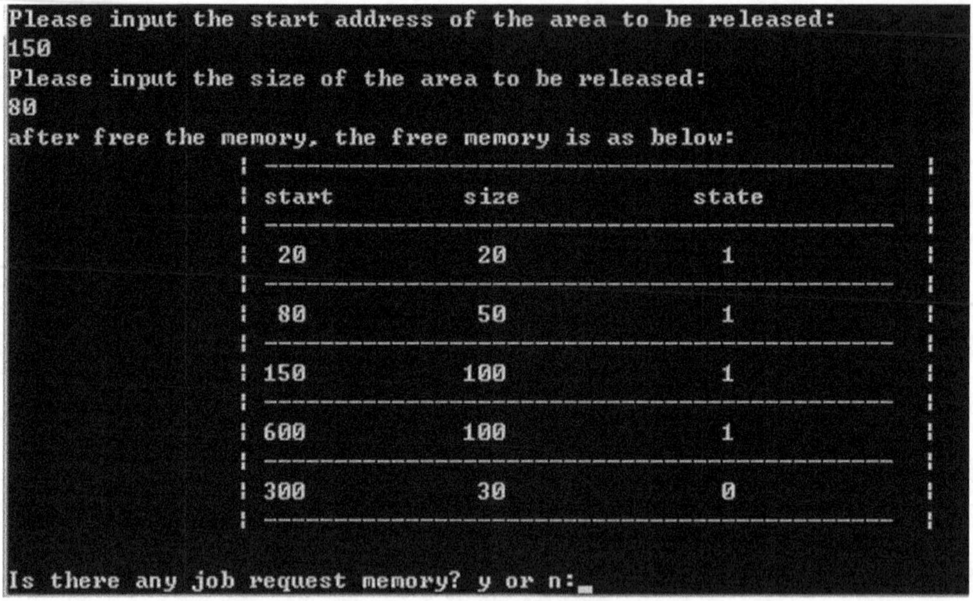

```
Please input the start address of the area to be released:
150
Please input the size of the area to be released:
80
after free the memory, the free memory is as below:
          |-------------------------------------------|
          | start        size          state          |
          |-------------------------------------------|
          |  20           20             1            |
          |-------------------------------------------|
          |  80           50             1            |
          |-------------------------------------------|
          | 150          100             1            |
          |-------------------------------------------|
          | 600          100             1            |
          |-------------------------------------------|
          | 300           30             0            |
          |-------------------------------------------|

Is there any job request memory? y or n:_
```

图 5-8　主存回收后的运行结果图

四、上机思考题

1. 完善示例程序，增加错误处理的代码。比如程序中空闲分区登记表长度设为 5，如果实际运行过程中空闲分区表长度超过 5 时的错误处理，另外如果用户手工输入回收区的起始地址和分区大小时，输入的分区与空闲分区登记表中的分区有矛盾时的错误处理等。

2. 实现难度 2 的编程。数据结构中需要增加一张内存占用说明表，主程序可由用户选择进行主存分配或主存回收操作，所需参数是：若是主存分配，输入作业（进程）名和所需主存空间大小；若是回收，输入回收作业（进程）的作业号（进程号）。能循环进行主存分配和回收。要求画出主存分配和回收的算法流程图，并编程实现。

3. 假设数据结构由分区表改为分区双向链表，试画出主存分配和回收算法流程图，并编程实现。

4. 假设主存分配时采用最佳适应法而非首次适应法，试编程实现。

5. 结合进程控制及进程互斥同步内容模拟实现多个进程同时申请主存的编程，也需要考虑当多个进程同时释放占用主存的情形。

实验二　分页管理的主存分配与回收

一、预备知识

动态分区分配方式会形成许多“外部碎片”，它们虽然可以通过“紧凑”技术加以解决，但需为之付出很大的开销。因此，操作系统中又引入了分页存储管理方式，它将一个作业(或进程空间)离散地存放到内存中，从而使系统无须紧凑便能很好地解决碎片问题。

分页管理是把主存分成大小相同的若干块，进程的逻辑地址空间也分成大小相同的页，页的大小与块的大小相等。进程装入主存时，不需要装入到连续的主存块中，而是可以将各页离散地放至主存的若干块中。

为了标识主存中哪些块空闲，哪些块被占用，可以用一张位示图来指示。位示图可以标识若干主存块，位示图中的每一位与一个主存块相对应，“0”表示对应块为空闲块，“1”表示对应块被占用。图 5-9 是主存某时刻的位示图。

假定某系统的主存被分成大小相等的 64 块，则位示图可用 8 个字节(8 * 8bit)构成，再用一个变量 N 记录当前可用的空闲块总量，以加速判断进程提出的主存需求量是否可以满足。

在进程运行时，为了能在内存中找到每个页面对应的物理块，系统为每个进程建立了一张页面映射表，简称页表，进程的每个页占页表的一个表项，其中记录了相应页对应的内存块的块号。图 5-10 是对应于图 5-9 的进程页表示意图。

字节号 \ 位号	0	1	2	3	4	5	6	7
0	1	1	1	1	0	1	0	1
1	0	1	0	0	0	0	1	0
2	1	0	0	0	0	0	0	0
3	0	0	0	0	0	0	0	0
4	0	0	0	0	0	0	0	0
5	0	0	0	0	0	0	0	0
6	0	0	0	0	0	0	0	0
7	0	0	0	0	0	0	0	0

当前空闲地总数 N:55

图 5-9　主存某时刻的位示图

页号	块号
0	0
1	3
2	5
3	7

(a)进程 1 页表

页号	块号
0	1
1	2
2	9
3	13
4	16

(b)进程 2 页表

图 5-10 主存某时刻的进程页表

二、实验目的

1. 掌握基本分页存储管理方式的原理。

2. 掌握基本分页方式管理主存时所用到的数据结构,如位示图、主存分块表等。

3. 掌握采用基本分页存储管理方式时的主存分配和回收算法。

三、实验内容

编写程序实现分页存储管理方式的主存分配和回收,存储空间使用位示图进行管理。要求主程序有查看位示图、查看进程页表、进行主存分配和进行主存回收操作等功能,且可由用户自由选择。所需参数是:若是主存分配,输入作业(进程)名和所需主存空间大小;若是回收,输入回收作业(进程)的作业号(进程号)。能循环进行主存分配和回收。

现对实验内容的思路进行说明。

1. 数据结构

主存空间被分成大小相等的若干块,每个主存块是否空闲的信息保存在位示图中。位示图中的每一位与一个主存块相对应,“0”表示对应块为空闲块,“1”表示对应块被占用。位示图可以用一个二维整型数组来模拟。同时,位示图中的空闲块总数也应该记录。

进程可以用一个进程控制块结构体来表示。该结构体中应至少包含进程号、进程名、进程空间大小及进程页表起始地址等内容。当前所有的进程可以保存在进程列表中,也可以用链表的方式把系统中所有的进程连接在一起。

2. 主存的分配

当要装入一个进程时,根据进程对主存的需求量,检查记录当前空闲块总数变量 N 的值是否满足该进程的需要量。如不满足,则给出“分配不成功”的信息,且让进程等待;若满足,则查位示图,按进程需求量找出位示图中为0的位,且将这些位重新置为“1”,并从当前空闲块总数变量中减去本次分配的块数。

将找到的位示图中的原本为0的位,转换为主存对应的块号,记录到进程的页表中。计算公式如下:

块号=i * 8+j　　(式5-1)

其中i表示该位在位示图中的行号,j表示该位在位示图中的列号。

假定第0～18块共9块被占用,其位示图初始化如图5-9所示。页式分配算法的流程如图5-11所示。

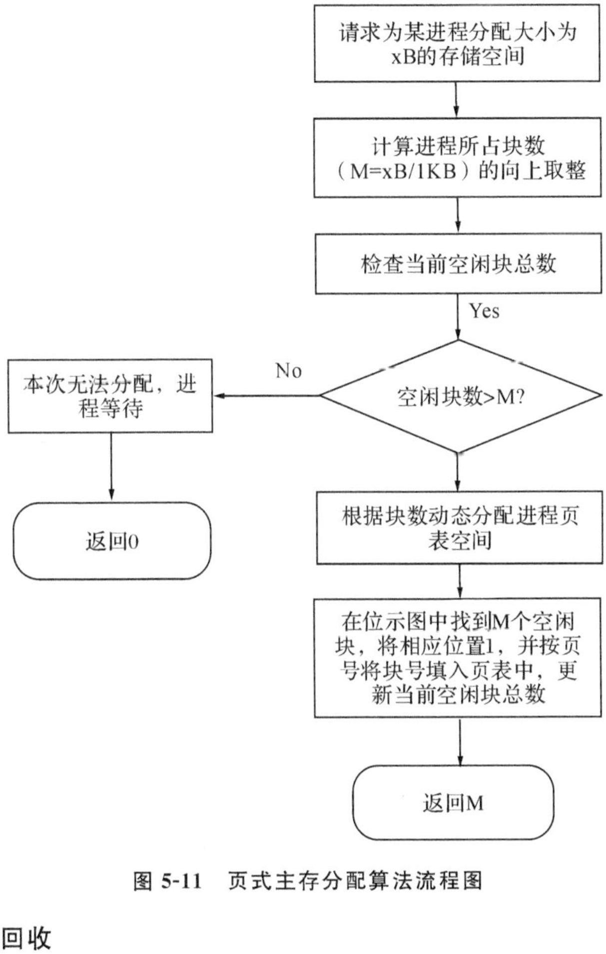

图5-11　页式主存分配算法流程图

3. 主存的回收

当一个进程执行结束时,释放主存。根据页表可以得知要释放的块号和块数。由块号计算其在位示图中的位置,将对应位的标志置0,以此表示该块已空闲。之后，更新当前空闲块总数变量 N。

由块号计算字节号和位号的公式如下：

行号＝块号/8　　（式 5－2）

列号＝块号%8　　（式 5－3）

页式主存回收算法流程如图 5-12 所示。

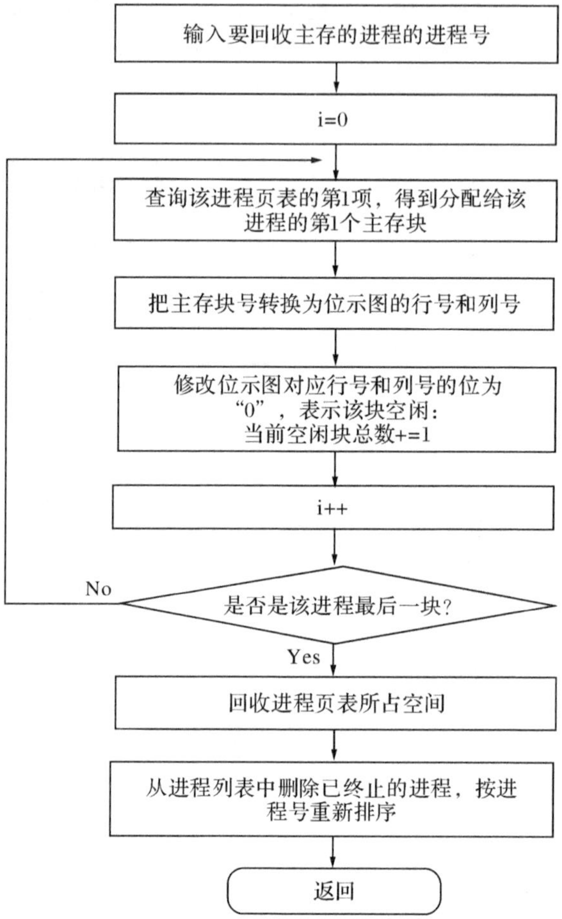

图 5-12　页式主存回收算法流程图

4. 主程序流程

主程序要求能选择各项功能，并能循环操作。如选择 1，则打印当前主存对应的位示图；如选择 2，则打印当前所有进程的页表；如选择 3，则采用页式主存分配算法为进程分配主存空间，要求输入进程名和进程申请的空间大小（以字节为单位，假设每个页面大小为 1K 字节）；如选择 4，则要求输入要回收主存空间的进程号，并按图 5-12 所示回收该进程所占用的主存空间;如选择 5,则退出程序。主程序流程图如图 5-13 所示。

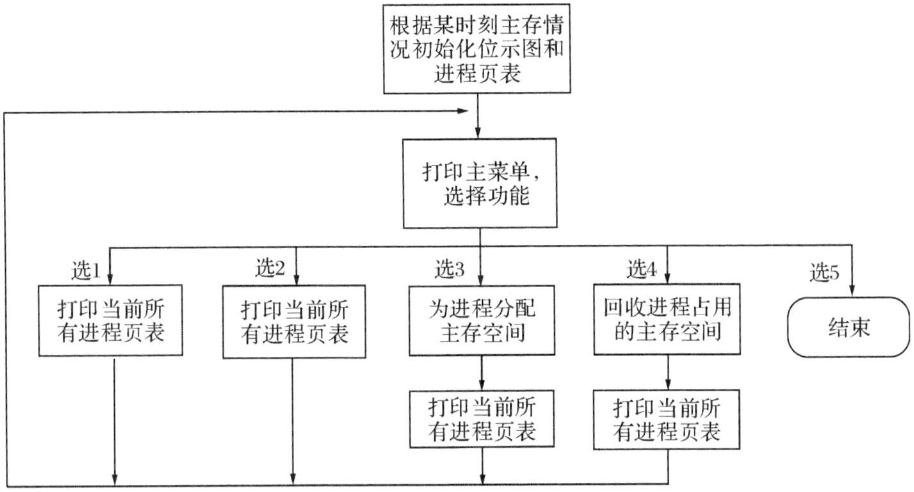

图 5-13 主程序流程图

5. 示例程序

示例程序假设系统中最多允许 5 个进程,每个进程最多申请 8 个页面,主存容量为 64 块,且当前主存使用情况如图 5-9 位示图所示,进程页表如图 5-10 所示。

```
#include <math.h>
#include <stdio.h>
#include <stdlib.h>
#include <memory.h>
#include <string.h>
#define PAGE_SIZE 1024
#define BLOCK_NUM 64
#define MAX_PROC 5
#define PROC_MAX_PAGE 8
#define N 8
/* 位示图结构 */
struct BitMap
{
  int map[N][N];
  int freeBlockNum;
}bitMap;
```

```
/* 进程控制块信息结构 */
struct PCBInfo
{
  char ProcName[30];      /* 进程名 */
  int ProcIndex;          /* 进程序号 */
  int ProcLength;         /* 进程大小 */
  int * ProcPageTable;    /* 进程页表起始地址 */
};

/* 假定系统中最多存在5个进程 */
struct PCBInfo Processes[5]=
{
  {"Proc1", 1, 4000, NULL},
  {"Proc2", 2, 4800, NULL}
};
/* 系统中已存在的进程数 */
int procNum=2;
/* 假定每个进程最多申请8KB的内存 */
int ProcPageTable[MAX_PROC][PROC_MAX_PAGE]=
{
  {0, 3, 5, 7,-1,-1,-1,-1},
  {1, 2, 9, 13, 16,-1,-1,-1}
};
void printMenu()
{
  printf("****************使用位示图法管理主存空间****
  *************\n");
  printf("\t\t1 显示位示图\n");
  printf("\t\t2 显示进程页表\n");
  printf("\t\t3 为进程分配主存\n");
  printf("\t\t4 回收进程占用的主存\n");
  printf("\t\t5 退出系统\n");
  printf("*******************************
  ************************\n");
}
void initBitMap()
{
```

```
    bitMap.freeBlockNum=55;
    memset(bitMap.map, 0, sizeof(bitMap.map));
    bitMap.map[0][0]=1;
    bitMap.map[0][1]=1;
    bitMap.map[0][2]=1;
    bitMap.map[0][3]=1;
    bitMap.map[0][5]=1;
    bitMap.map[0][7]=1;
    bitMap.map[1][1]=1;
    bitMap.map[1][5]=1;
    bitMap.map[2][0]=1;
}
void initProcPageTable(void)
{
    int i, j, pageNum;
    for (i=0; i < 2; i++)
    {
        pageNum=(int)ceil(Processes[i].ProcLength * 1.0 / PAGE_SIZE);
        Processes[i].ProcPageTable=(int *)malloc(pageNum * sizeof(int));
        for (j=0; j < pageNum; j++)
            Processes[i].ProcPageTable[j]=ProcPageTable[i][j];
    }
}
void printBitMap()
{
    int i, j;
    printf("%4s", " ");
    for (i=0; i < N; i++)
        printf("%4d", i);
    printf("\n");
    printf("%7s", " ");
    for (i=0; i < N; i++)
        printf("----");
    printf("\n");
    for (i=0; i < N; i++)
    {
        printf("%3d|", i);
```

```
        for (j=0; j < N; j++)
            printf("%4d", bitMap.map[i][j]);
        printf("\n");
    }
}
void printPageTable(int procNum)
{
    int i, j;
    int pageNum;
    if (procNum == 0)
        printf("there's no processes now.\n");
    else
    {
        for (i=0; i < procNum; i++)
        {
            printf("---------第%d号进程页表---------\n",
            Processes[i].ProcIndex);
            printf("%6s\t", "页号");
            printf("%6s\n", "块号");
            pageNum=(int)ceil(Processes[i].ProcLength * 1.0 / PAGE_SIZE);
            for (j=0; j < pageNum ; j++)
            {
                printf("%4d\t", j);
                printf("%4d\n", Processes[i].ProcPageTable[j]);
            }
        }
    }
}
/*-----------------------------------------------------
*                alloc()函数
*      函数功能:根据位示图如能找到满足要求的主存空间,为进程分配主存空间。
*      函数参数:param1 : procIdx —— 申请进程的进程号
*               param2 : procName —— 申请进程的进程名
*               param3 : procSize —— 进程申请的主存空间大小
*      函数返回值:根据位示图如能找到满足要求的主存空间,则返回该进程的页
       表长度(页数,或分配的块数);否则,返回 0
**---------------------------------------------------*/
```

```
int  alloc(int procIdx, char procName[], int procSize)
{
  int pageNum;
  int i, j, k=0;
  int blockNum, ret;
/* 计算进程申请的空间共需要多少内存块  */
  pageNum=(int)ceil(procSize * 1.0 / PAGE_SIZE);
  /* 根据位示图检查空闲块总数是否满足申请进程的要求 */
  if (pageNum <=PROC_MAX_PAGE && pageNum <=bitMap.freeBlockNum)
  {
/* 动态申请页表空间,并把进程的页表项都初始化为-1 */
      Processes[procNum].ProcPageTable = (int * ) malloc (pageNum * sizeof
      (int));
     memset(Processes[procNum].ProcPageTable,-1, pageNum * sizeof(int));
     ret=pageNum;
/* 填充进程相关信息 */
     Processes[procNum].ProcIndex=procIdx;
     strcpy(Processes[procNum].ProcName, procName);
     Processes[procNum].ProcLength=procSize;
     for (i=0; i < N; i++)
         for (j=0; j < N; j++)
         {

             if (bitMap.map[i][j] == 0)
             {
                 blockNum=i * N+j;  /* 根据行号列号求出对应的块号 */
                 /* 填充进程页表 */
                 Processes[procNum].ProcPageTable[k++]=blockNum;
                 /* 修改位示图该位的标记,为1表示已被占用 */
                     bitMap.map[i][j]=1;
                 bitMap.freeBlockNum--;  /* 空闲块总数减1 */
                 if (k == pageNum)  /* 进程所有页都已分配完空间,跳出循
                 环 */
                 {
                     procNum++;      /* 系统已有进程数增1  */
                     return ret;
                 }
```

```
                }
            }
    }
/* 如果申请的页数大于规定的进程最多页数 */
    else if (pageNum > PROC_MAX_PAGE)
    {
        printf("You can request 8KB at most! \n");
        return 0;
    }
    else   /* 如果已无足够的空闲块分配给该进程 */
    {
        printf("bitmap shows there's not enough free blocks.");
        return 0;
    }
END: return ret;
}

/*------------------------------------------------
*                 setFree()函数
*       函数功能:释放某进程所占用的主存空间,并更新位示图。
*       函数参数:param1: procIdx —— 释放进程的进程号
*       函数返回值:无返回值。
*------------------------------------------------*/
void setFree(int procIdx)
{
    int row, colum;
    int blockCount, blockNo;
    int i, j, k;
    for (i=0; i < MAX_PROC; i++)
    {
        if (Processes[i].ProcIndex == procIdx)
        {
            for(blockCount = 0; Processes[i]. ProcPageTable[blockCount] >= 0;
            blockCount++);
          /* 根据块号得到对应的位示图的行号和列号,并更新位示图 */
          for (j=0; j < blockCount; j++)
          {
```

```
            row=Processes[i].ProcPageTable[j] / N;
            colum=Processes[i].ProcPageTable[j] % N;
            bitMap.map[row][colum]=0;
            bitMap.freeBlockNum++;
        }
        /* 回收进程页表空间 */
        free(Processes[i].ProcPageTable);
        Processes[i].ProcPageTable=NULL;
        /* 标识该进程的进程号为-1,以区别于其他正常进程 */
        Processes[i].ProcIndex=-1;

        /* 进程列表重新排序 */
        for (k=0; k < procNum; k++)
        {
            if (Processes[k].ProcIndex < 0)
            {
                for (j=k+1; j < procNum; k++,j++)
                {
                    Processes[k].ProcIndex=Processes[j].ProcIndex;
                    Processes[k].ProcLength=Processes[j].ProcLength;
                    strcpy(Processes[k].ProcName, Processes[j].ProcName);
                    Processes[k].ProcPageTable=Processes[j].ProcPageTable;
                }
            }
        }
        /* 系统中已有进程数减 1 */
        procNum--;
        printf("memory occupied by process %d has been released.\n",
        procIdx);
        break;
      }
   }
   if (i >=MAX_PROC)
        printf("the proc index doesn't exist.\n");
}
int main()
{
```

```
int choice;
char procName[30];
int procSize;
int newProcIdx=3;    // 新建的进程号从 3 开始,有 2 个已有进程
int delProcIdx;
int pageNum;

initBitMap();      // 初始化位示图
initProcPageTable();  // 初始化进程页表
printMenu();
printf("Your choice: ");
scanf("%d", &choice);
while (choice != 5)
{
    switch (choice)
    {
    case 1:
        printBitMap();
        break;
    case 2:
        printPageTable(procNum);
        break;
    case 3:
        printf("Please input process name: ");
        scanf("%s", &procName);
        printf("Please input memory size the process requested(B): ");
        scanf("%d", &procSize);
        pageNum=alloc(newProcIdx, procName, procSize);
        if (pageNum)
        {
            newProcIdx++;
            printf("allocation is successful! \n");
            printPageTable(procNum);
        }
        else
            printf("allocation failed. Please wait...\n");
        break;
```

```
        case 4:
            printf("Please input process index:\n");
            scanf("%d", &delProcIdx);
/* 该进程完成后,新的进程号会递增,用过的进程号不会被重复使用 */
            setFree(delProcIdx);
            printPageTable(procNum);
            break;
        default:
            printf("your choice is error, please retry.\n");
        break;
    }
    printMenu();
    printf("Your choice: ");
    scanf("%d", &choice);
}
return 0;
}
```

6. 示例程序运行结果

该示例代码在 Visual C++ 6.0、Visual Studio 2010 及 Linux 下都进行过测试,都能正常运行。图 5-14、图 5-15、图 5-16、图 5-17、图 5-18 是该示例程序的运行结果。在 Linux 下运行时要注意中文的编码设置,否则可能出现乱码。

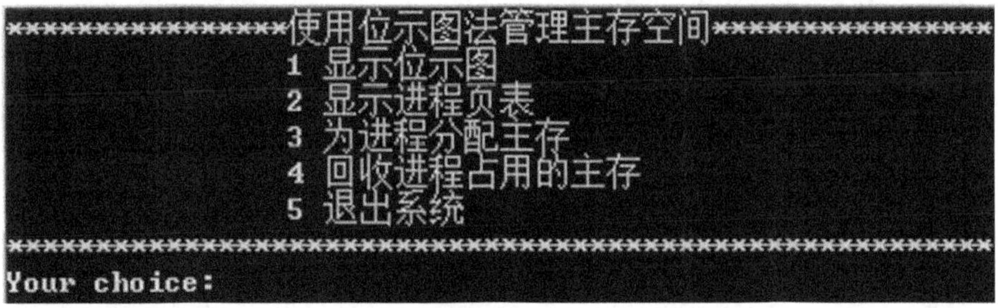

图 5-14　打印选择菜单的运行结果图

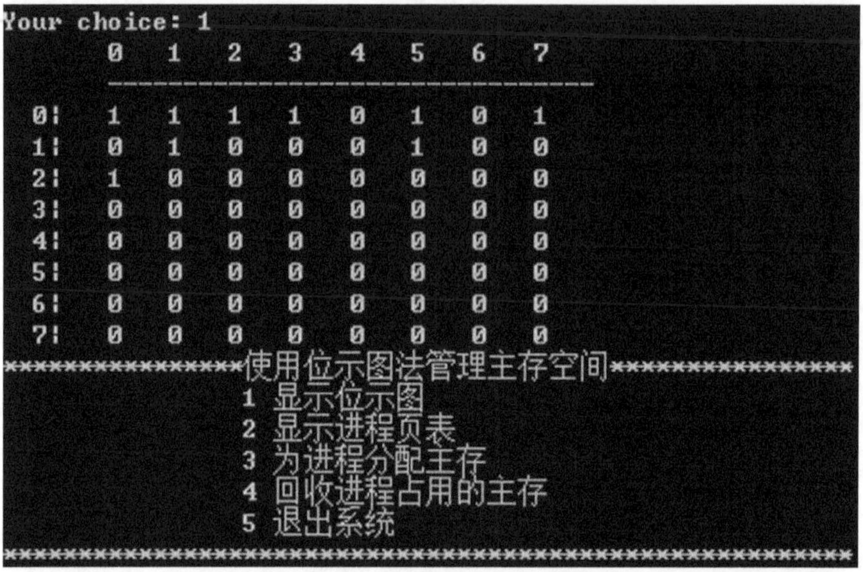

```
Your choice: 1
        0   1   2   3   4   5   6   7
       --------------------------------
  0|    1   1   1   1   0   1   0   1
  1|    0   1   0   0   0   1   0   0
  2|    1   0   0   0   0   0   0   0
  3|    0   0   0   0   0   0   0   0
  4|    0   0   0   0   0   0   0   0
  5|    0   0   0   0   0   0   0   0
  6|    0   0   0   0   0   0   0   0
  7|    0   0   0   0   0   0   0   0
***************使用位示图法管理主存空间***************
                1 显示位示图
                2 显示进程页表
                3 为进程分配主存
                4 回收进程占用的主存
                5 退出系统
******************************************************
```

图 5-15　显示位示图的运行结果图

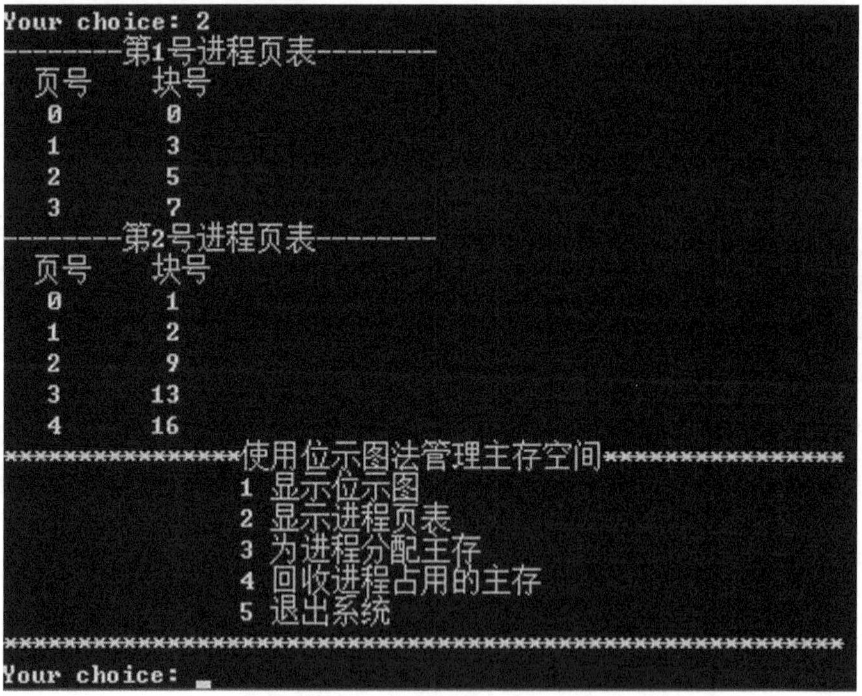

```
Your choice: 2
--------第1号进程页表--------
  页号    块号
   0       0
   1       3
   2       5
   3       7
--------第2号进程页表--------
  页号    块号
   0       1
   1       2
   2       9
   3      13
   4      16
***************使用位示图法管理主存空间***************
                1 显示位示图
                2 显示进程页表
                3 为进程分配主存
                4 回收进程占用的主存
                5 退出系统
******************************************************
Your choice: _
```

图 5-16　显示进程页表的运行结果图

```
Your choice: 3
Please input process name: proc3
Please input memory size the process requested(B): 3456
allocation is successful!
---------第1号进程页表---------
  页号    块号
   0       0
   1       3
   2       5
   3       7
---------第2号进程页表---------
  页号    块号
   0       1
   1       2
   2       9
   3      13
   4      16
---------第3号进程页表---------
  页号    块号
   0       4
   1       6
   2       8
   3      10
***************使用位示图法管理主存空间***************
                1 显示位示图
                2 显示进程页表
                3 为进程分配主存
                4 回收进程占用的主存
                5 退出系统
*****************************************************
Your choice:
```

图 5-17　为进程分配主存后的运行结果图

```
Your choice: 4
Please input process index:
3
memory occupied by process 3 has been released.
---------第1号进程页表---------
  页号    块号
   0       0
   1       3
   2       5
   3       7
---------第2号进程页表---------
  页号    块号
   0       1
   1       2
   2       9
   3      13
   4      16
***************使用位示图法管理主存空间***************
                1 显示位示图
                2 显示进程页表
                3 为进程分配主存
                4 回收进程占用的主存
                5 退出系统
*****************************************************
Your choice:
```

图 5-18　回收进程占用空间的运行结果图

四、上机思考题

1. 完善示例程序，并尝试用进程链表而非进程列表的形式来组织系统中的进程，编程实现此情况下的主存分配和回收。

2. 假设主存的使用情况使用主存分块表来表示。要求画出主存分配和回收的流程图，并最终编程实现。对应于图 5-9 位示图的主存分块表如图 5-19 所示。

	主存空闲块总数:55
	主存第一空闲块指针:4
0	
1	
2	
3	
4	6
5	
6	8
7	
8	10
9	
10	11
…	…
63	…

图 5-19　主存分块表

实验三　虚拟存储器中的页面置换算法

一、预备知识

为了使大的进程(其地址空间超过主存可用空间)或多个进程的地址空间之和超过实际主存空间时仍能运行，引入了虚拟存储器的概念。

在虚拟页式存储管理系统中，进程运行之前会把一部分页面装入内存，而另一部分页面（或全部页面）装入外存。在进程运行过程中，如果所访问的页面在内存，则与非虚拟页式存储时的情形相同；如果所访问的页面不在内存，则发生缺页故障（page fault），由操作系统进行页面的动态调度，进行页面的置换。页面置换算法有 FIFO 置换算法、LRU 置换算法等。

当采用 FIFO 置换算法时，假定分配给每个进程的内存块数固定不变，为 M。当 M 个内存块都已被占用，而该进程又有新的页要装入内存时，此时选择最早进入的一页进行淘汰，然后把当前要访问的页装入该块，并修改页表。该算法实现简单，只需把一个进程已调入内存的页面，按先后次序链接成一个队列，并设置一个指针，称为替换指针，使它总是指向最老的页面。

LRU 置换算法则是选择最久未使用的页面予以淘汰。LRU 置换算法可利用一个特殊的栈来保存当前使用的各个页面的页面号。每当进程访问某页面时，便将该页面的页面号从栈中移出，将它压入栈顶。因此，栈顶始终是最新被访问页面的编号，而栈底则是最久未被使用页面的页面号。如发生缺页故障，则先将栈底页面替换出去。

Linux 操作系统也采用了虚拟主存管理技术。Linux 虚拟主存的大小为 4GB（32 位 x86 机器上）。内核将这 4G 字节的空间分为两部分：最高的 1G 字节（从虚拟地址 0xC0000000 到 0xFFFFFFFF）供内核使用，称为“内核空间”；较低的 3G 字节（从虚拟地址 0x00000000 到 0xBFFFFFFF）供各个进程使用，称为“用户空间”。因为每个进程都可以通过系统调用进入内核空间，因此 Linux 内核空间由系统内的所有进程共享。于是，从进程的角度看来，每个进程都拥有 4GB 的虚拟地址空间。

每个进程都有各自的私有用户空间（0～3GB），也称为进程的“地址空间”，这个空间对系统中的其他进程是不可见的。最高的 1GB 内核空间则为所有进程及内核共享。较低的 3GB 用户空间不是进程共享的，而是进程隔离的。一个进程对其中一个地址的访问，与其他进程对同一个地址的访问绝不冲突。例如，一个进程访问其用户空间的地址 0x1111FFFF 得到整数 10，而另一个进程访问其用户空间的地址 0x1111FFFF 得到整数 20，这取决于进程自身的逻辑。

任意一个时刻，在一个 CPU 上只有一个进程在运行。所以对此 CPU 来说，在这一时刻，整个系统只存在一个 4GB 的虚拟地址空间，这个地址空间是面向该进程的。当进程发生切换的时候，虚拟地址空间也随着切换。由此可以看出，每个进程都有自己的虚拟地址空间。只有此进程运行时，其虚拟地址空间才被运行它的 CPU 所感知。在其他时刻，其虚拟地址空间对于 CPU 来说，都是不可知的。所以，尽管每个进程都可以有 4GB 的虚拟地址空间，但对 CPU 来说，只有一个 4GB 的虚拟地址空间存在。

程序编译链接后形成的地址空间是一个虚拟地址空间。但程序最终还是要运行在物理主存中，因此，应用程序或进程所给出的任何虚拟地址最终必须被转化为物理地址。虚拟地址空间必须被映射到物理地址空间中，这个映射关系需要通过硬件体系结构所规定的数据结构来建立。这就需要借助于段表和页表，Linux 通过页表来进行映射。如果给出的页表不同，那么 CPU 将某一虚拟地址空间中地址转化成的物理地址就会不同。所以需要为每个进程都建立页表，将每个进程的虚拟地址空间根据需要映射到物理地址空间上。既然某一时刻某一 CPU 上只能有一个进程在运行，那么当进程发生切换的时候，也需要将页表更换为相应进程的页表，这样就可以实现每个进程都有自己的虚拟地址空间而不相互影响。所以，在任意时刻，对一个 CPU 来说，只需要有当前进程的页表，就可以实现其虚拟地址到物理地址的转化。

Linux 虚拟主存的实现需要六种机制的支持：地址映射机制、请求分页机制、主存分配回收机制、缓存和刷新机制、对换机制和主存共享机制。

首先主存管理程序通过地址映射机制把用户程序的逻辑地址映射到物理地址（地址映射机制）；在用户程序运行时，如果发现程序中要用的虚拟地址没有对应的物理地址，就发出请求页的请求（请求分页机制）；如果有空闲的主存可供分配，就请求分配主存（主存分配和回收机制），并把正在使用的物理页记录在缓存中（缓存和刷新机制）；如果没有足够的主存可供分配，就腾出一部分主存（对换机制）。

二、实验目的

1. 掌握虚拟存储器的概念和基本原理。

2. 掌握分页式虚拟存储器的缺页中断及常用页面置换算法处理缺页中断的过程。

3. 掌握常用的页面置换算法，如 FIFO、OPT、LRU、LFU 及 Clock 算法原理。

三、实验内容

编程实现一个页面替换算法的模拟程序。该程序应具备以下功能：

接收用户输入参数，包括进程页面数、物理块数（页框个数）及页面访问序列长度。

页面访问序列由程序随机生成。

能从程序的运行结果看出页面替换算法的过程。

程序能循环模拟页面替换算法，直至用户选择退出程序。

以下，以 FIFO 页面置换算法为例对实验内容的思路进行说明。

1. 数据结构

在请求分页虚存页面替换算法中，为实现请求页到主存块的置换，需要在模拟程序中维持两个数据结构，即请求访问的页面队列和主存块队列。其中，请求访问页面队列是进程请求的页面信息，主存块队列是系统分配给进程的物理块，该队列保存目前存放的进程页号，也可以包含一些其他信息，如该页面载入该内存块的时间等。页面置换算法应在这两个数据结构的基础上进行。另外，进程页表也是一种重要的数据结构。这里的页表主要是指扩充了的页表，进程的每个页表项起码包括块号、页面是否载入内存、页面是否修改等内容。

2. 示例程序

示例程序假设随机生成的页面访问序列最大长度为 50，分配给进程的内存块数、进程的页面总数及页面访问序列长度都由用户从键盘输入，随后程序随机生成指定长度的页面访问序列，流程图如图 5-20 所示。

程序如下：

```
#include <time.h>
#include <stdio.h>
#include <stdlib.h>
#include <memory.h>

#define  MAX_SEQ_LEN 50
int main()
{
  int blockNum;  /* 分配给该进程的内存块数 */
  int pageNum;   /* 该进程的总页数 */
  int pageSequenceLen; /* 页面随机访问序列长度 */
  int pageSequence[MAX_SEQ_LEN]; /* 存放页面随机访问序列 */
  char choice;
  int i, j, n;
  int * memBlocks;  /* 内存块(存放页号) */
  int * isPageLoaded;  /* 对应的页是否装入内存块 */
  int oldPageIndex=0;  /* 最早装入的页的内存块的下标 */
  int pageFaultTimes=0; /* 缺页次数 */
  printf("---------FIFO 页面置换算法---------\n");
  printf("开始吗? (Y or N): ");
  choice=getchar();
  while (choice == 'Y' || choice == 'y')
```

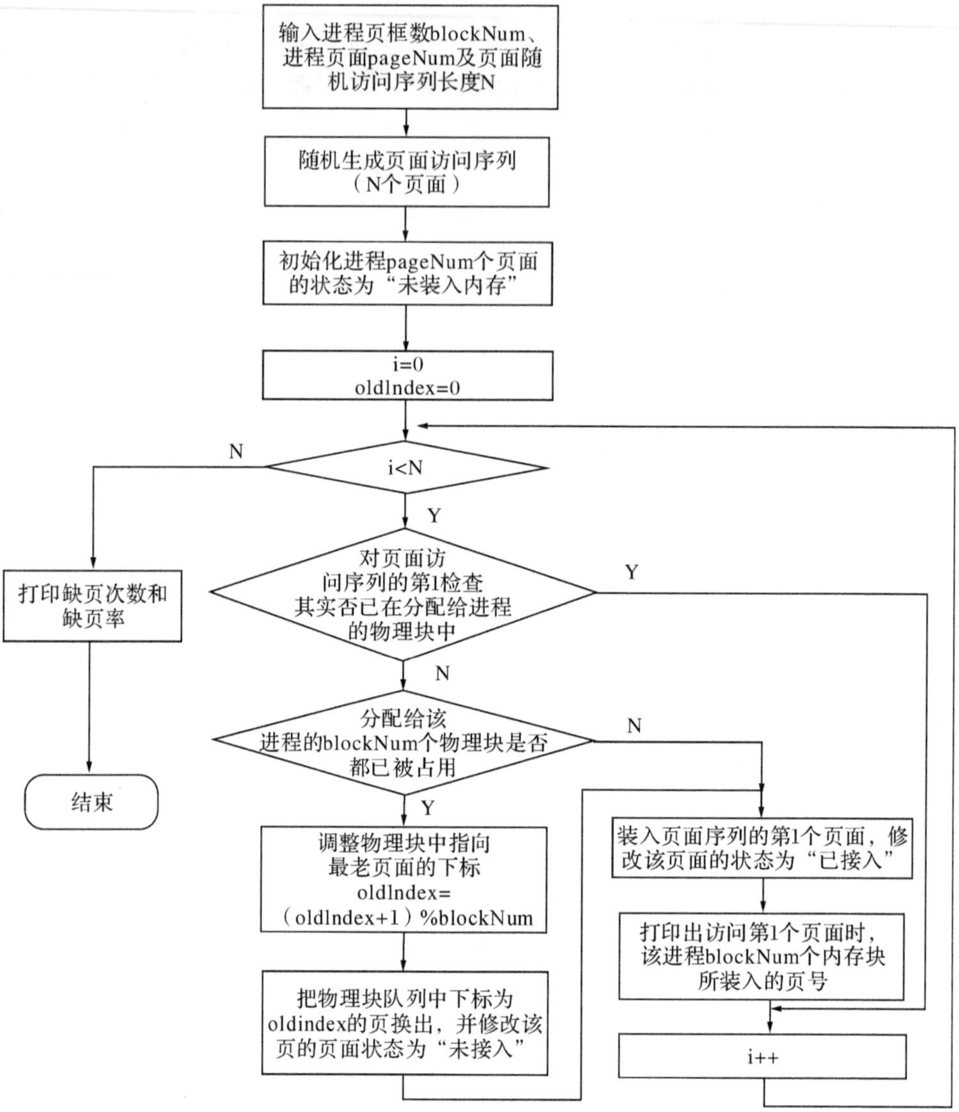

图 5-20　FIFO 页面置换算法流程图

```
{
    printf("输入分配给该进程的内存块数：");
    scanf("%d", &blockNum);
    printf("输入该进程的页面总数：");
    scanf("%d", &pageNum);
    printf("输入该进程访问的页面序列长度：");
```

```
scanf("%d", &pageSequenceLen);
getchar();      /*  吸收回车符  */
oldPageIndex=0;
pageFaultTimes=0;

srand((unsigned)time(NULL));
/* 随机生成一个指定长度的页面访问序列,并保存在 pageSequence 数组
中 */
for (i=0; i < pageSequenceLen; i++)
{
    n=rand() % pageNum;
    pageSequence[i]=n;
    printf("%d  ", pageSequence[i]);
}
printf("\n");
/* memBlocks[]用来表示分配给该进程的物理块(frame) */
memBlocks=(int *)malloc(blockNum * sizeof(int));
/* 假设内存块中未装入任何页,则用-1 表示 */
memset(memBlocks, -1, blockNum * sizeof(int));
/* isPageLoaded[]用来表示进程所有页的 status(有无装入内存)*/
isPageLoaded=(int *)malloc(pageNum * sizeof(int));
/* 0 表示该页未装入内存,初始条件为未装入任何页面 */
memset(isPageLoaded, 0, pageNum * sizeof(int));
printf("页  物理块\n");
/* 根据页面访问序列初始化对应的页 */
for (i=0; i < pageSequenceLen; i++)
{
    /* 输出当前访问的页面号 */
    printf("%2d ", pageSequence[i]);
    printf("-> ");
    /* 若当前访问的页面未装入内存 */
    if (isPageLoaded[pageSequence[i]] == 0)
    {
        pageFaultTimes++;   /* 缺页 */
        for (j=0; j < blockNum; j++)
        {
            if (memBlocks[j] ==-1)
```

```
                    break;
                }
                /* 假设还有内存块为空 */
                if (j < blockNum)
                {
                    memBlocks[j]=pageSequence[i];   /* 把该页装入到内存块
                    中 */
                    isPageLoaded[pageSequence[i]]=1; /* 该页的状态改为已装
                    入 */
                }
                /* 未找到空块 */
                if (j >=blockNum)
                {
                    /* 选择最老的页面置换出去,且修改换出去的页面状态 */
                    isPageLoaded[memBlocks[oldPageIndex]]=0;
                    memBlocks[oldPageIndex]=pageSequence[i];
                    /* 指示最老页面的指针更新 */
                    oldPageIndex=(oldPageIndex+1) % blockNum;
                    isPageLoaded[pageSequence[i]]=1;
                }
                /* 输出当前分配给该进程的内存块的内容 */
                for (j=0; j < blockNum; j++)
                    if (memBlocks[j] ! =-1)
                        printf("%d ", memBlocks[j]);
                printf("\n");
            }
            else
                printf("\n");
        }
        printf("缺页次数为%d,缺页率为%f\n",
            pageFaultTimes, pageFaultTimes*1.0/pageSequenceLen);
        printf("---------FIFO 页面置换算法---------\n");
        printf("开始吗?(Y or N):");
        choice=getchar();
    }
}
```

3. 示例程序运行结果

该示例代码在 Visual C++6.0、Visual Studio 2010 及 Linux 下都进行过测试，都能正常运行。在 Linux 下运行要注意中文的编码设置，否则可能出现乱码。以下是该示例程序的运行结果图。

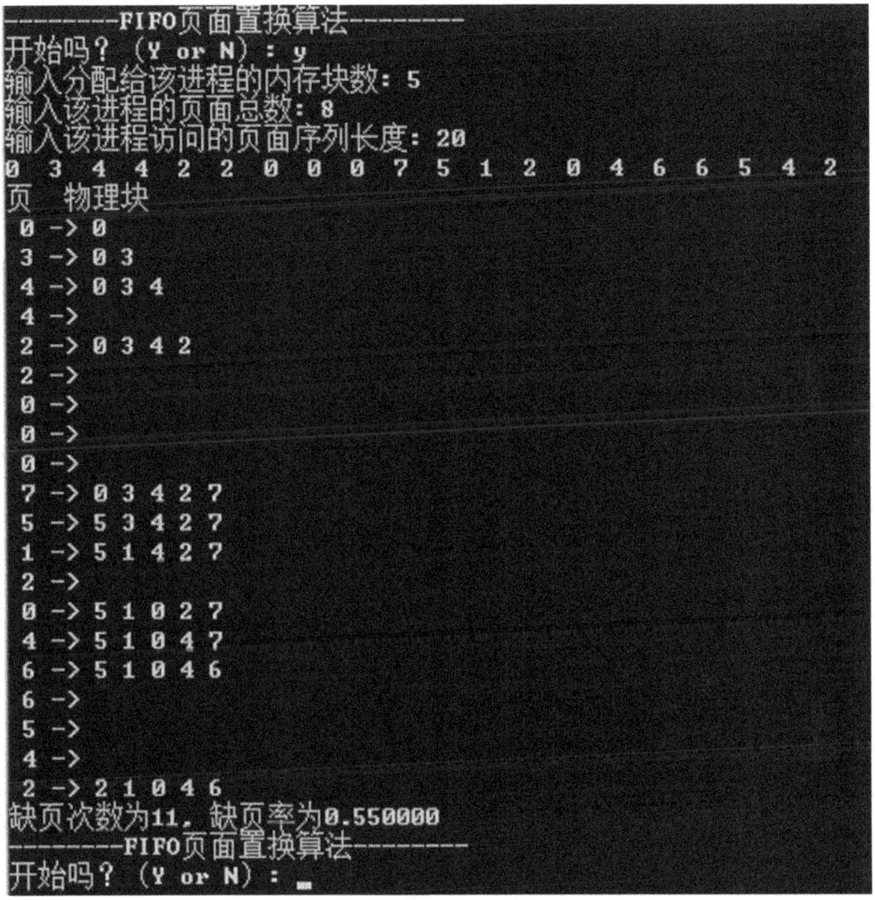

图 5-21 FIFO 页面置换程序运行结果图

四、上机思考题

1. 完善示例程序。主要包括：数据结构的完善：使用扩充后的页表作为数据结构，进程的每个页表项起码包括块号、页面是否载入内存、页面是否修改等内容；程序结构的调整：分离 main 函数和 FIFO 页面置换函数，分别画出各自的流程图，使程序结构更清晰，并便于扩充。

2. 编写程序实现 OPT、LRU、LFU、及 Clock 等页面置换算法，分别画出各自的流程图。

3. 在 1,2 的基础上，实现虚存页面置换算法的综合模拟程序。主程序中能够由用户自由选择页面置换算法，并能循环进行，直至用户选择退出为止。

实验四　统计操作系统缺页次数

一、预备知识

进行实验前，务必先行阅读、理解 Linux 内核的关于存储管理的源代码，理解 Linux 存储管理的整体思想。因为，本实验比较简单，未覆盖 Linux 内核中存储管理的所有内容。

本节共分为两个实验。第一个实验统计自内核加载完成以后到当前时刻为止发生的缺页次数和经历过的时间；第二个实验统计从当前时刻起一段时间内发生的缺页中断次数。两者的实现方法略有不同。

这个实验通过自建变量并利用/proc 文件系统，来统计自系统启动以来，系统的缺页次数。

由于每发生一次缺页都要进入缺页中断服务函数 do_page_fault 一次，所以可以认为执行该函数的次数就是系统发生缺页的次数。因此可以定义一个全局变量 pfcount 作为计数变量，在执行 do_page_fault 时，该变量值加 1。

至于系统自开机以来经历的时间，可以利用系统原有的变量 jiffies。这是一个系统的计时器，在内核加载完以后开始计时，以 10ms(缺省)为计时单位。

当然，读取变量 pfcount 和变量 jiffies 的值，还需要借助/proc 文件系统。在/proc 文件系统下建立目录 pf；并且在 pf 目录下，建立文件 pfcount 和 jiffies。

二、实验目的

学习操作系统的存储管理原理；理解操作系统存储管理的分页、虚拟内存、“按需调页”思想及方法；掌握 Linux 内核对虚拟内存、虚存段、分页式存储管理、按需调页的实现机制。

三、实验内容

先在 include/linux/mm.h 文件中声明变量 pfcount：

```
---linux-2.6.15/include/linux/mm.h.orig
+++linux-2.6.15/include/linux/mm.h
***************
*****26,29*****
extern unsigned long num_physpages;
extern void * high_memory;
extern unsigned long vmalloc_earlyreserve;
extern int page_cluster;
+extern unsigned long pfcount;
```

在 arch/i386/mm/fault.c 文件中定义变量 pfcount：

```
---linux-2.6.15/arch/i386/mm/fault.c.orig
+++linux-2.6.15/arch/i386/mm/fault.c
***************
****227,235****
+unsigned long pfcount;
fastcall void _kprobes do_page_fault(struct pt_regs *regs,
                    unsigned long error_code)
{
struct task_struct *tsk;
struct mm_struct *mm;
struct vm_area_struct * vma;
unsigned long address;
unsigned long page;
int write, si_code;
```

每次产生缺页中断，并且确认是由缺页引起的，则将变量值递增 1。这个操作在 do_page_fault()函数中执行：

```
---linux-2.6.15/arch/i386/mm/fault.c.orig
+++linux-2.6.15/arch/i386/mm/fault.c
***************
****328,328****
goodarea:
```

```
+    pfcount++;
```

在/kernel/time.c 文件中加入 EXPORT_SYMBOL(pfcount)，让内核模块能够读取变量 pfcount;同理，内核模块也可以读取 jiffies:

```
---linux-2.6.15/kernel/time.c.orig
+++linux-2.6.15/kernel/time.c
***************
****687,687****
EXPORT_SYMBOL(jiffies);
+extern unsigned long pfcount;
+EXPORT_SYMBOL(pfcount);
```

以上部分是对 Linux 内核源代码的几处修改。若让它们起作用，显然，需要重新编译内核，产生新的内核的 image;然后重新启动主机，装入新编译生成的 image。内核的编译和装入，可参见“编译 Linux 内核”一章。

读取 pfcount 和 jiffies 变量的内核模块，需要新编写一个文件:pf.c

```
#define MODULE
#include <linux/proc_fs.h>
#include <linux/slab.h>
#include <linux/mm.h>
#include <linux/sched.h>
#include <linux/string.h>
#include <linux/types.h>
#include <linux/ctype.h>
#include <linux/kernel.h>
#include <linux/version.h>
#include <linux/module.h>


struct proc_dir_entry *proc_pf;                    /* /proc/pf/ 目录项 */
struct proc_dir_entry *proc_pfcount, *proc_jiffies;  /* /proc/pf/pfcount 和/
proc/pf/jiffies 文件项 */
```

```
/* 下面这个函数用于建立/proc/pf/ 目录项 */
static inline struct proc_dir_entry * proc_pf_create(const char * name, mode_t
mode, get_info_t * get_info)
{
  return create_proc_info_entry(name, mode, proc_pf, get_info);
}

/* 读取 pfcount 的值 */
int get_pfcount(char * buffer, char * * start, off_t offset, int length)
{
     int len=0;
     len=sprintf(buffer, "%d\n", pfcount);
  /* pfcount is defined in arch/i386/mm/fault.c */
  return len;
}

/* 读取 jiffies 的值 */
int get_jiffies(char * buffer, char * * start, off_t offset, int length)
{
     int len=0;
     len=sprintf(buffer, "%d\n", jiffies);
     return len;
}

/* 模块初始化进程,建立/proc 下的目录和项 */
int init_module(void)
{
     proc_pf=proc_mkdir("pf", 0);
     proc_pf_create("pfcount", 0, get_pfcount);
     proc_pf_create("jiffies", 0, get_jiffies);
     return 0;
}

/* 模块清除进程,清除/proc 下的相关目录和文件 */
void cleanup_module(void)
{
```

```
    remove_proc_entry("pfcount", proc_pf);
    remove_proc_entry("jiffies", proc_pf);
    remove_proc_entry("pf", 0);
}
MODULE_LICENSE("GPL");
```

在编译内核模块前,先准备一个 Makefile:

```
TARGET=pf
KDIR=/usr/src/linux
PWD=$(shell pwd)
obj-m+=$(TARGET).o
default:
    make-C $(KDIR) M=$(PWD) modules
```

然后简单输入命令 make:

```
#make
```

结果,我们得到文件“pf.ko”! 这意味着,你成功了。

然后执行加载模块命令:

```
#insmod pf.ko
```

这样就可以通过作为中介的/proc 文件系统,轻松地读取我们所需要的两个变量的值了。使用命令 cat /proc/pf/pfcount /proc/pf/jiffies,就可以在终端打印出至今为止的缺页次数和已经经历过的 jiffies 数目。

隔几分钟再使用命令 cat /proc/pf/pfcount /proc/pf/jiffies,查看一下打印出的缺页次数和 jiffies 数目,并比较一下结果。

第六章 Linux 文件系统

文件系统是操作系统中最直观的部分，因为用户可以通过文件直接地和操作系统交互，操作系统也必须为用户提供数据计算、数据存储的功能。本实验通过添加一个文件系统，进一步理解 Linux 中的文件系统原理及其实现。

Linux 文件系统体系结构是一个对复杂系统进行抽象化的有趣例子。通过使用一组通用的 API 函数，Linux 可以在许多种存储设备上支持许多种文件系统。例如，read 函数调用可以从指定的文件描述符读取一定数量的字节。read 函数不了解文件系统的类型，比如 ext3 或 NFS。它也不了解文件系统所在的存储媒体，比如 AT Attachment Packet Interface（ATAPI）磁盘、Serial Attached SCSI（SAS）磁盘或 Serial Advanced Technology Attachment（SATA）磁盘。但是，当通过调用 read 函数读取一个文件时，会正常返回数据。下面介绍几个主要概念。

1. 文件系统

文件系统是对一个存储设备上的数据和元数据进行组织的机制。由于定义如此宽泛，支持它的代码会很有意思。正如前面提到的，有许多种文件系统和媒体。由于存在这么多类型，可以预料到 Linux 文件系统接口实现为分层的体系结构，从而将用户接口层、文件系统实现和操作存储设备的驱动程序分隔开。

2. 挂装

在 Linux 中将一个文件系统与一个存储设备关联起来的过程称为挂装（mount）。使用 mount 命令将一个文件系统附着到当前文件系统层次结构中（根）。在执行挂装时，要提供文件系统类型、文件系统和一个挂装点。

3. Linux 文件系统主要结构

Linux 以一组通用对象的角度看待所有文件系统。这些对象是超级块（superblock）、inode、dentry 和文件。超级块在每个文件系统的根上，超级块描述和维护文件系统的状态。文件系统中管理的每个对象（文件或目录）在 Linux 中表示为一个 inode。inode 包含管理文件系统中对象所需的所有元数据（包括可以在对象上执行的操作)。另一组结构称为 dentry,它们用来实现名称和 inode 之间的映射,有一个目录缓存用来保存最近使用的 dentry。dentry 还维护目录和文件之间的关系,从而支持在文件系统中移动。最后,VFS 文件表示一个打开的文件(保存打开的文件的状态,比如写偏移量等)。

4. 文件系统体系结构

尽管大多数文件系统代码在内核中(后面讨论的用户空间文件系统除外),但是图 6-1 所示的体系结构显示了用户空间和内核中与文件系统相关的主要组件之间的关系。

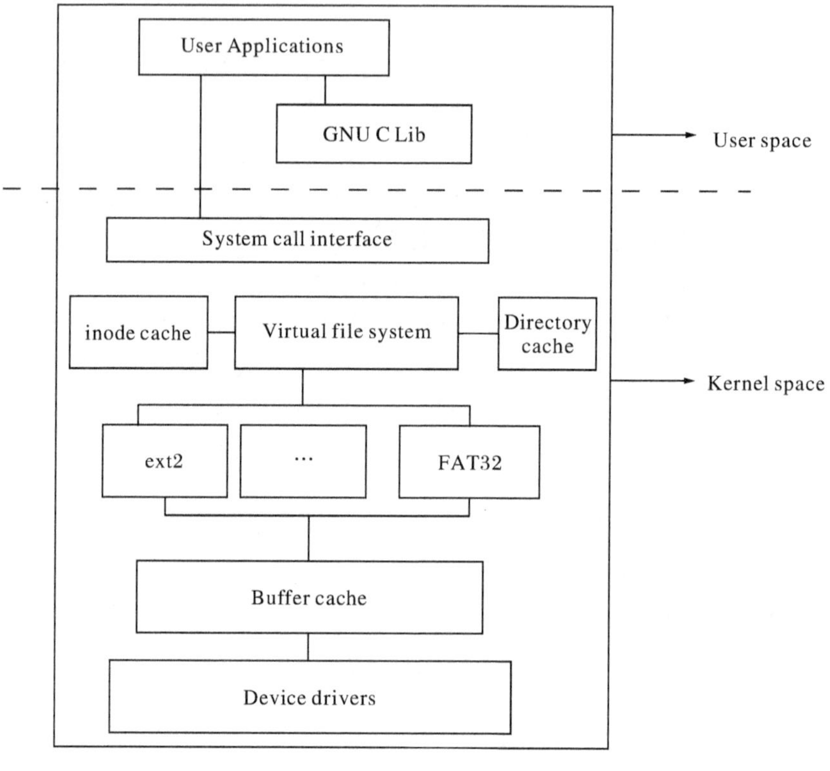

图 6-1 Linux 文件系统的结构

用户空间包含一些应用程序(如文件系统的使用者)和 GNU C 库(glibc),它们为文件系统调用(打开、读取、写和关闭)提供用户接口。系统调用接口的作用就像是交换器,它将系统调用从用户空间发送到内核空间中的适当端点。

VFS 是底层文件系统的主要接口。这个组件导出一组接口,然后将它们抽象到各个文件系统,各个文件系统的行为可能差异很大。有两个针对文件系统对象的缓存(inode 和 dentry)。它们缓存最近使用过的文件系统对象。

每个文件系统实现(如 ext2、JFS 等)导出一组通用接口,供 VFS 使用。缓冲区缓存会缓存文件系统和相关块设备之间的请求。例如,对底层设备驱动程序的读写请求会通过缓冲区缓存来传递。这就允许在其中缓存请求,减少访问物理设备的次数,加快访问速度。以最近使用(LRU)列表的形式管理缓冲区缓存。注意,可以使用 sync 命令将缓冲区缓存中的请求发送到存储媒体(迫使所有未写的数据发送到设备驱动程序,进而发送到存储设备)。

5. 虚拟文件系统层

VFS 作为文件系统接口的根层。VFS 记录当前支持的文件系统以及当前挂装的文件系统。可以使用一组注册函数在 Linux 中动态地添加或删除文件系统。内核保存当前支持的文件系统的列表,可以通过 /proc 文件系统在用户空间中查看这个列表。这个虚拟文件还显示当前与这些文件系统相关联的设备。在 Linux 中添加新文件系统的方法是调用 register_filesystem。这个函数的参数定义一个文件系统结构(file_system_type)的引用,这个结构定义文件系统的名称、一组属性和两个超级块函数,也可以注销文件系统。

在注册新的文件系统时,会把这个文件系统和它的相关信息添加到 file_systems 列表中(见 linux/include/linux/mount. h)。这个列表定义可以支持的文件系统。在命令行上输入 cat/proc/filesystems,就可以查看这个列表。

```
struct file_system_type {
const char * name;
int fs_flags;
struct super_block * ( * read_super) (struct super_block * , void * , int);
struct module * owner;
struct file_system_type *  next;//链接到另一个文件系统
struct list_head fs_supers;
};
```

VFS 中维护的另一个结构是挂装的文件系统。这个结构提供当前挂装的文件系统(见 linux/include/linux/mount. h)。它链接下面讨论的超级块结构。

```
struct vfsmount
{
   struct list_head mnt_hash;
   struct vfsmount * mnt_parent;      /* fs we are mounted on */
   struct dentry * mnt_mountpoint;      /* dentry of mountpoint */
   struct dentry * mnt_root;       /* root of the mounted tree */
   struct super_block * mnt_sb;      /* pointer to superblock */
```

```
    struct list_head mnt_mounts;      /* list of children, anchored here */
    struct list_head mnt_child;       /* and going through their mnt_child */
    atomic_t mnt_count;
    int mnt_flags;
    char *mnt_devname;                /* Name of device e.g. /dev/dsk/hda1 */
    struct list_head mnt_list;
};
```

6. 超级块

超级块结构表示一个文件系统。它包含管理文件系统所需的信息，包括文件系统名称（比如 ext2）、文件系统的大小和状态、块设备的引用和元数据信息（比如空闲列表等）。超级块通常存储在存储媒体上，但是如果超级块不存在，也可以实时创建它。可以在 ./linux/include/linux/fs.h 中找到超级块结构。超级块中的一个重要元素是超级块操作的定义。这个结构定义一组用来管理这个文件系统中 inode 的函数。例如，可以用 alloc_inode 分配 inode，用 destroy_inode 删除 inode。可以用 read_inode 和 write_inode 读写 inode，用 sync_fs 执行文件系统同步。可以在 ./linux/include/linux/fs.h 中找到 super_operations 结构。每个文件系统提供自己的 inode 方法，这些方法实现操作并向 VFS 层提供通用的抽象。

```
struct inode {
    struct list_head    i_hash;
    struct list_head    i_list;
    struct list_head    i_dentry;

    struct list_head    i_dirty_buffers;
    struct list_head    i_dirty_data_buffers;

    unsigned long       i_ino;
    atomic_t            i_count;
    kdev_t              i_dev;
    umode_t             i_mode;
    unsigned int        i_nlink;
    uid_t               i_uid;
    gid_t               i_gid;
    kdev_t              i_rdev;
    loff_t              i_size;
    time_t              i_atime;
```

```
time_t                  i_mtime;
time_t                  i_ctime;
unsigned int            i_blkbits;
unsigned long           i_blksize;
unsigned long           i_blocks;
unsigned long           i_version;
unsigned short          i_bytes;
struct semaphore        i_sem;
struct rw_semaphore     i_alloc_sem;
struct semaphore        i_zombie;
struct inode_operations     *i_op;
struct file_operations      *i_fop;     /* former->i_op->default_file_
ops */
struct super_block      *i_sb;
wait_queue_head_t       i_wait;
struct file_lock        *i_flock;
struct address_space        *i_mapping;
struct address_space    i_data;
struct dquot            *i_dquot[MAXQUOTAS];
/* These three should probably be a union */
struct list_head        i_devices;
struct pipe_inode_info      *i_pipe;
struct block_device     *i_bdev;
struct char_device      *i_cdev;

unsigned long           i_dnotify_mask; /* Directory notify events */
struct dnotify_struct       *i_dnotify; /* for directory notifications */

unsigned long           i_state;

unsigned int            i_flags;
unsigned char           i_sock;

atomic_t            i_writecount;
unsigned int            i_attr_flags;
_u32                i_generation;
union {
```

```
        struct minix_inode_info        minix_i;
        struct ext2_inode_info         ext2_i;
        struct ext3_inode_info         ext3_i;
        struct hpfs_inode_info         hpfs_i;
        struct ntfs_inode_info         ntfs_i;
        struct msdos_inode_info        msdos_i;
        struct umsdos_inode_info       umsdos_i;
        struct iso_inode_info          isofs_i;
        struct nfs_inode_info          nfs_i;
        struct sysv_inode_info         sysv_i;
        struct affs_inode_info         affs_i;
        struct ufs_inode_info          ufs_i;
        struct efs_inode_info          efs_i;
        struct romfs_inode_info        romfs_i;
        struct shmem_inode_info        shmem_i;
        struct coda_inode_info         coda_i;
        struct smb_inode_info          smbfs_i;
        struct hfs_inode_info          hfs_i;
        struct adfs_inode_info         adfs_i;
        struct qnx4_inode_info         qnx4_i;
        struct reiserfs_inode_info     reiserfs_i;
        struct bfs_inode_info          bfs_i;
        struct udf_inode_info          udf_i;
        struct ncp_inode_info          ncpfs_i;
        struct proc_inode_info         proc_i;
        struct socket                  socket_i;
        struct usbdev_inode_info       usbdev_i;
        struct jffs2_inode_info        jffs2_i;
        void                           *generic_ip;
    } u;
};
```

inode 表示文件系统中的一个对象，它具有唯一标识符。各个文件系统提供将文件名映射为惟一 inode 标识符和 inode 引用的方法。inode_operations 定义直接在 inode 上执行的操作，而 file_operations 定义与文件和目录相关的方法（标准系统调用）。

inode 和目录缓存分别保存最近使用的 inode 和 dentry。注意，对于 inode 缓存中的每个 inode，在目录缓存中都有一个对应的 dentry。可以在 ./linux/include/linux/fs.h 中找到 inode 和 dentry 结构。

7. 缓冲区缓存

除了各个文件系统实现（可以在 ./linux/fs 中找到）之外，文件系统层的底部是缓冲区缓存。这个组件跟踪来自文件系统实现和物理设备（通过设备驱动程序）的读写请求。为了提高效率，Linux 对请求进行缓存，避免将所有请求发送到物理设备。缓存中缓存最近使用的缓冲区（页面），这些缓冲区可以快速提供给各个文件系统。

文件系统是操作系统用于文件存放在磁盘或分区等存储设备上的组织方法和数据结构，它是操作系统中重要的组成部分。Linux 使用一种称之为虚拟文件系统（VFS）技术，它可以支持几十种不同类型的文件系统。然而，Linux 自己的文件系统却是 ext2。无论 VFS 类型还是 ext2 类型，其基本思想都是采用 UNIX 的文件系统的模型来构造的。在本章文件系统的实验中，设计了一个二级文件系统管理程序和一个 ext2 文件系统结构的分析与跟踪程序两个实验。实验一保留 VFS 和 ext2 模型的主要结构和功能，是一个比真正文件系统简单得多，而又能基本体现文件系统理论的程序，涵盖了一个简单的文件系统结构的设计以及相关的接口命令的编写。通过该实验，对文件系统的工作原理和实现机制，尤其对 ext2 文件系统工作机理将会有更深刻的理解。

通过实验二讲解 ext2 文件系统的内核基本数据结构各字段的信息，包括超级块、块描述符、索引节点等，具备了较强的 Linux 下编程能力。

实验三则在现有的 Linux 操作系统的基础上，在系统中注册并添加一个自定义的文件系统。通过该实验使学生能更好理解 Linux 操作系统中文件系统实现的原理和细节。

实验一　设计并实现一个二级文件系统程序

一、预备知识

1. 相关的基础知识

（1）外存管理。文件系统是操作系统中负责管理和存取文件信息的软件机构。负责文件的建立，撤消，存入，读写，修改和复制，还负责完成对文件的按名存取和进行存取控制，以及向用户提供使用文件系统的接口。系统中的每个文件包括文件本身和属性两部分。

文件系统在逻辑上的层次结构如表 6-1 所示：

表 6-1 文件系统的层次结构

文件系统接口	
对对象的操作和管理的软件集合	逻辑文件系统
	基本 I/O 管理程序（文件组织模块）
	基本文件系统（物理 I/O 层）
	I/O 控制层（设备驱动程序）
对象及其属性说明	

（2）目录管理。在现代计算机系统中，一般都需要存储大量的文件。为了能有效地管理这些文件，必须对它们加以妥善的组织，以便做到用户只需向系统提供所要访问文件的名字，就能够快速、准确地找到指定文件。目录管理涉及到文件控制块（File Control Block）和索引节点，目录管理可以分为单级目录结构、两级目录结构和树型目录结构。

①文件控制块。文件控制块通常包含：基本信息、存取控制信息和使用信息三部分。

②索引节点。文件目录通常存放在磁盘上，而且要占用大量的盘块。其实在检索目录文件的过程中，只用到了文件名，并不需要文件的描述信息。只有在找到的文件名与指定文件名相匹配的目录项时，才需要从目录项中读出该文件的物理地址；而检索目录的时候，更是用不到该文件的描述信息了。针对这种情况，不少成功的操作系统都将文件的描述信息单独形成一个被称为索引节点的数据结构（即 inode 节点）；而在文件目录中的每个目录项，则仅由文件名以及指向该文件对应 inode 的指针共同构成。

③单级目录结构。单级目录结构是最简单的目录结构。整个系统中只建立一张目录表，为系统中每一个文件分配一个项目项。

④两级目录结构。在单级目录结构的基础上，为每个用户建立一个单独的用户文件目录（User File Directory，UFD），此外在系统中再建立一个主文件目录（Master File Directory，MFD），里面放有每个用户的目录项；该项目中包含用户名和指向该用户目录的指针。图 6-2 是一个两级目录结构的示意图。

⑤树形目录结构。在两级目录结构中，再进一步允许用户创建自己的子目录，组织自己的文件，形成三级或者三级以上的文件目录结构，这就被称为树形目录结构。由于它具有检索效率高、允许重名以及便于实现文件共享等优点，被许多成熟

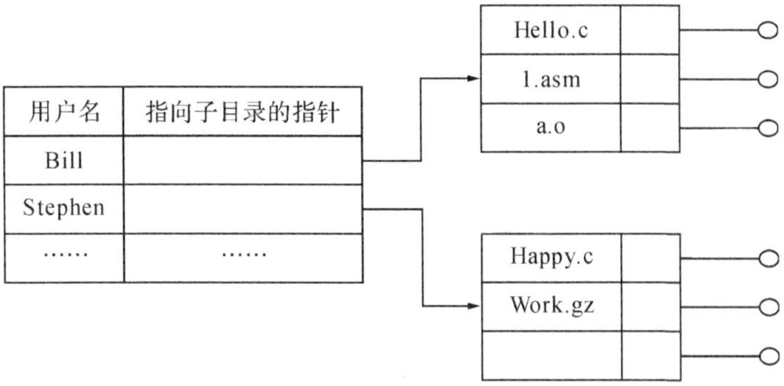

图 6-2　两级目录结构

的操作系统所广泛使用,这些操作系统包括 OS/2、UNIX/Windows 等。

(3)文件系统接口。文件系统作为一个高效管理文件的程序,其运行更多的是在系统内部进行,而用户所需要关心的只是它的接口。文件系统通常向用户提供两种接口。

①命令接口:这是用户与文件系统之间进行交互的接口。用户可以通过键盘终端键入命令来实现与文件系统的交互。

②程序接口:这是用户程序与文件系统之间的接口,用户程序可以通过系统调用取得文件系统的服务,完成自己所需的功能。

(4)Linux 的 ext2 文件系统。在 Linux 当中,普通文件和目录文件保存在称为"块物理设备"的磁盘或者磁带等存储介质上。一套 Linux 系统支持若干个物理盘,每个物理盘可以定义一个或者多个文件系统。每个文件系统均由逻辑块的序列组成。一般来说,一个逻辑盘可以划分为几个用途各不相同的部分:引导块、超级块、inode 区以及数据区。

Linux 使用一种叫虚拟文件系统的技术从而可以支持多达几十种的不同文件系统,而 ext2 是 Linux 自己的文件系统。它有几个重要的数据结构:超级块、inode(索引结点)、组描述符、块位图、inode 位图等。其中最重要的一个是超级块,用来描述目录和文件在磁盘上的物理位置、文件大小和结构等信息;另一个是 inode。文件系统中的每个目录和文件均由一个 inode 描述。它包含:文件模式(类型和存取权限)、数据块位置等信息。

一个文件系统除了重要的数据结构之外,还必须为用户提供有效的接口操作。比如 ext2 提供的 OPEN/CLOSE 接口操作。

①ext2 的组描述符。ext2 文件系统将它所占用的逻辑分区划分成块组(block group),如图 6-3 所示。

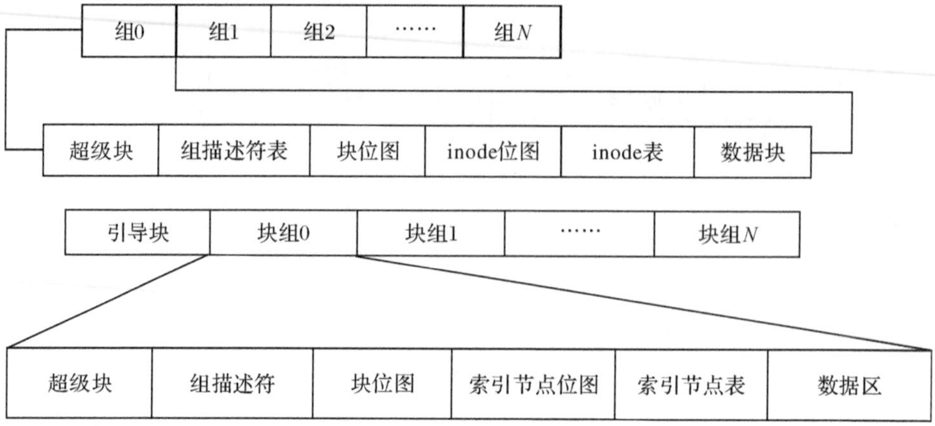

图 6-3　ext2 文件系统的结构

超级块和描述符：每个块组中保存着关于文件系统的备份信息(比如超级块和所有组描述符)。在某个组的超级块或者 inode 受损时，可以用来恢复系统。

块位图(inode bitmap)：记录本组内各个数据块的使用情况，其中每一位对应于一个数据块，0 表示空闲；非 0 表示已经分配。

inode 位图(inode bitmap)：记录 inode 表中 inode 的使用情况。

inode 表(inode table)：保存本组所有的 inode。ext2 文件系统使用 inode 来描述文件。一个 inode 对应一个文件，而目录属于一种特殊的文件。每个 inode 对应于一个唯一的 inode 号。inode 包含了文件内容、在磁盘上的位置、文件的存取权限、修改时间以及类型等文件描述信息。

数据块(data block)：真正的文件数据区。在 ext2 文件系统当中所有的数据块长度是一样的，数据块是系统为文件存储空间的单位。

②ext2 的超级块。超级块主要用来描述目录和文件在磁盘上的静态分布，包括大小和结构。超级块对于文件系统的维护至关重要。它的数据结构位于 include/Linux/ext2_fs. h 中。一般，只有块组号为 0 的超级块才读入内存，其他块组的超级块仅仅作为备份。

③ext2 的 inode。inode 是 ext2 的基本组成部分。文件系统的每个文件(目录被看成文件)由一个 inode 描述。属于同一块组的 inode 保存在同一个 inode 表中，与该组的 inode 位图一一对应。Linux 关于 inode 数据结构的描述位于 include/Linux/ext2_fs. h 中。

(5)用到的编程技术。

①fopen：打开文件。

格式：FILE * fopen(const char * filename，const char * mode)

filename:待打开的文件名,如果不存在就创建该文件

mode:打开方式,常用的有 w、r、a、w+、r+、a+、t、b 等的组合

②fwrite 和 fread:读写文件。

```
size_t fwrite(const void * buffer,size_t size,size_t count,FILE * stream);
size_t fread(void * buffer, size_t size, size_t count, FILE * stream);
```

buffer:待读写的内容

size:一次读写的量

count:需读写 buffer 的次数

stream:打开的文件指针

③fseek:定位文件。

int fseek(FILE * stream, long offset, int origin);

stream:文件指针

offset:偏移量

origin:初始位置,有三个常量,SEEK_CUR 是当前位置,SEEK_SET 文件开头,SEEK_END 文件尾。

(6)用内存来模拟外存。真正的文件系统在对外存进行管理时,会涉及到许多有关硬件、设备管理方面的底层技术。一方面这些技术不属于操作系统核心内容,另一方面过多的内容容易造成实验者顾此失彼。所以在这里我们推荐一种使用内存来模拟外存的方式,这样就可以跳过这些硬件技术而把精力直接放在数据结构的设计和操作算法的实现上面。

假定 pInode 是一个指向 inode 结构的指针,而且它已经放入了需要的数值,现在需要将其写入到特定位置。可用如下代码实现:

```
……
fd=fopen("filesystem","w+b");//fd 是 FILE 指针类型,w 便是写方式,
                                    //b 表示二进制
fseek(fd, specific_area,SEEK_SET);//fd 是文件指针;specific_area 为整形
                                    //为需要入 pInode 的位置
fwrite(pInode,1,sizeof(inode),fd);//写入 pInode 信息
……
```

2. 实验要点指导

(1)重要的数据结构。

①索引节点的数据结构。

```
struct inode  {
```

```
    struct inode *i_forw;
    struct inode *i_back;
    char i_flag;
    unsigned int i_ino;
    unsigned int i_count;
    unsigned int di_addr[NADDR];
    unsigned short di_number;
    unsigned short di_mode;
    unsigned short di_uid;
    unsigned short di_gid;
    unsigned short di_size;
    };
```

②超级块的数据结构。

```
struct filsys {
    unsigned short s_isize;
    unsigned long s_fsize;
    unsigned int s_nfree;
    unsigned short s_pfree;
    unsigned int s_free[NICFREE];
    unsigned int s_ninode;
    unsigned short s_pinode;
    unsigned int s_inode[NICINOD];
    unsigned int s_rinode;
    char s_fmod;
    };
```

③用户和口令的数据结构。

```
struct user {
    unsigned short u_default_mode;
    unsigned short u_uid;
    unsigned short u_gid;
    unsigned short u_ofile[NOFILE];
};

struct pwd {
    unsigned short p_uid;
```

```
    unsigned short p_gid;
    char password[PWDSIZ];
  };
```

④有关目录的数据结构。

```
struct dinode {
    unsigned short di_number;
    unsigned short di_mode;
    unsigned short di_uid;
    unsigned short di_gid;
    unsigned long di_size;
    unsigned int di_addr[NADDR];        };
struct direct {
    char d_name[DIRSIZ];
    unsigned int d_ino;          };
struct dir {
    struct direct direct[DIRNUM];
    int size;
        };
```

(2)设计思想。设计一个简单的文件系统,包含了格式化、显示文件(目录)、创建文件、登录等几个简单命令的实现,而且能完成超级块的读写、节点的读写等过程,是一个比真正文件系统简单得多,而又能基本体现文件系统理论的程序。在超级块的使用上,采用了操作系统经典理论;在节点的使用上,主要模仿 Linux 的 EXT2 文件系统。

①程序流程。

这是一个面向过程的程序,其流程图如图 6-4 所示。

main. c 的参考程序如下:

```
#include <stdio.h>
#include <malloc.h>
#include <stdlib.h>
#include <string.h>
#include "structure.h"
#include "creat.h"
#include "access.h"
#include "ballfre.h"
#include "close.h"
```

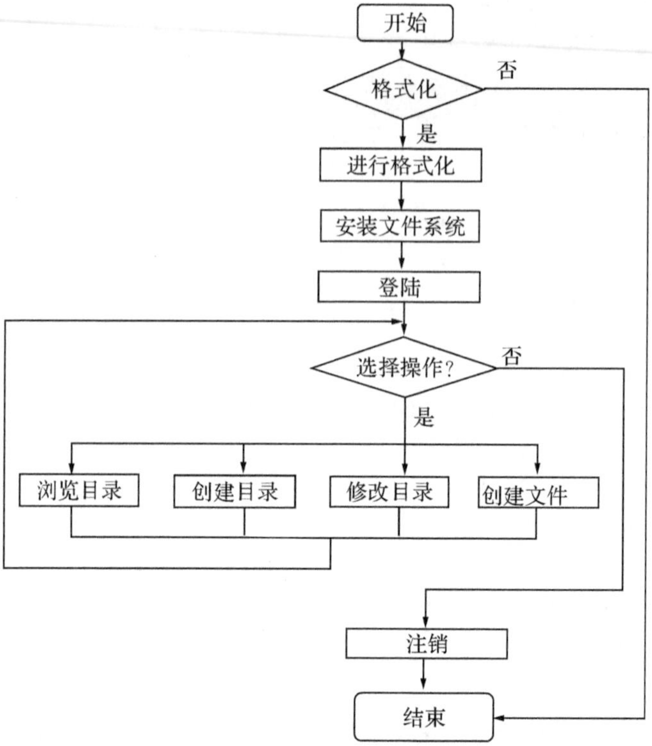

图 6-4 main 函数流程

```
#include "delete.h"
#include "dir.h"
#include "format.h"
#include "halt.h"
#include "iallfre.h"
#include "install.h"
#include "log.h"
#include "name.h"
#include "open.h"
#include "rdwt.h"
#include "igetput.h"
struct hinode hinode[NHINO];
struct dir dir;
struct file sys_ofile[SYSOPENFILE];
struct filsys filsys;
```

```
struct pwd pwd[PWDNUM];
struct user user[USERNUM];
FILE * fd;
struct inode * cur_path_inode;
int user_id;
unsigned short usr_id;
char usr_p[12];
char sel;
char temp_dir[12]

main()
{
  unsigned short ab_fd1,ab_fd2,ab_fd3,ab_fd4,i,j;
  char * buf;
  int done=1;

  printf("\nDo you want to format the disk(y or n)? \n");
  if(getchar()=='y')
{ printf("\nFormat will erase all context on the disk \n");
  printf("Formating...\n");
  format();
   printf("\nNow will install the fillsystem,please wait...\n");
      install();
      printf("\n----Login----\nPlease input your userid:");
      scanf("%u",&usr_id);
      printf("\nPlease input your password:");
      scanf("%s",&usr_p);
        if(! login(usr_id,usr_p))
              return;

  /* login(2118,"abcd"); */
 while(done)      {
      printf("\n Please Select Your Operating\n");
     printf("-1----ls\n-2----mkdir\n-3----change dir\n-4--
     --create file\n-0----Logout\n");
      sel=getche();
   switch(sel)
```

```
    {
  case '1':                              /*显示目录内容*/
      _ls();
      break;
  case '2':                              /*创建目录*/
      printf("please input dir name:");
      scanf("%s",temp_dir);
      mkdir(temp_dir);
      break;
  case '3':                              /*改变当前目录*/
      printf("please input dir name:");
      scanf("%s",temp_dir);
      chdir(temp_dir);
      break;
  case '4':                              /*创建文件*/
      printf("please input file name:");
      scanf("%s",temp_dir);
      ab_fd1=creat(2118,temp_dir,01777);
      buf=(char *)malloc(BLOCKSIZ*6+5);
      write(ab_fd1,buf,BLOCKSIZ*6+5);
      close(0,ab_fd1);
      free(buf);
      break;
  case '0':                    /*退出文件系统*/
      logout(usr_id);
      halt();
      done=0;
  default: printf("error! \nNo such command,please try again.\nOr you can ask your
  teacher for help.\n");
        break;
        }
    }
  }
  else
  printf("User canseled\nGood Bye\n");
}
```

②文件系统的设计思想。真正的文件系统，在涉及文件读写、文件创建等操作时，会用到内外存之间通信的语句。这些与底层硬件有关的编程一方面会给完成实验的人员制造不小的麻烦，另外更为重要的是这些内容并不属于操作系统原理的范畴。因此我们所设计的文件系统程序与真正的文件系统在某些方面有着本质的不同，表 6-2 是一个大致的比较。

表 6-2　实验文件系统与真实文件系统的区别

实验设计的文件系统	真正文件系统
二进制格式	自定义系统文件格式
依赖其他操作系统	不依赖于其他操作系统
调用库函数访问外存	调用中断访问外存

实验要求设计的文件系统使用一个二进制文件来模拟磁盘空间，该“文件系统”的所有用户信息、节点信息、超级块信息、文件信息均以二进制方式保存在文件的特定地方，图 6-5 是这个二进制文件的大体数据地址安排。

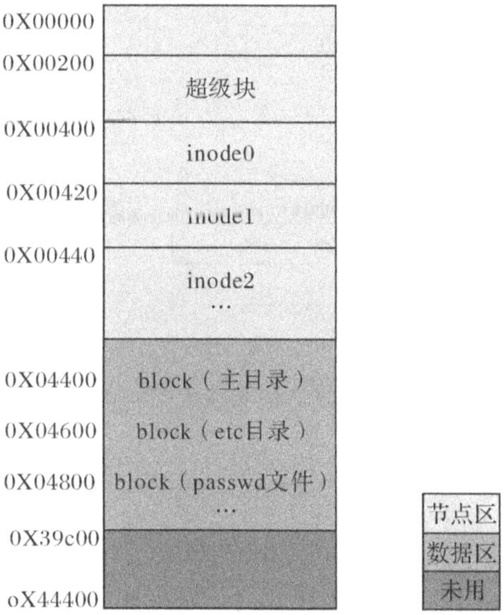

图 6-5　数据地址安排

(3)重要的算法处理。

①数据块的安排。

初始化数据块位于 format. h 上面，下面是相关的算法描述。初始化数据块的算法流程图如图 6-6 所示。

NICFREE：常量，为每个块组的大小，程序中设为 50

FILEBLK：常量，为系统允许最多块数，程序中设为 512

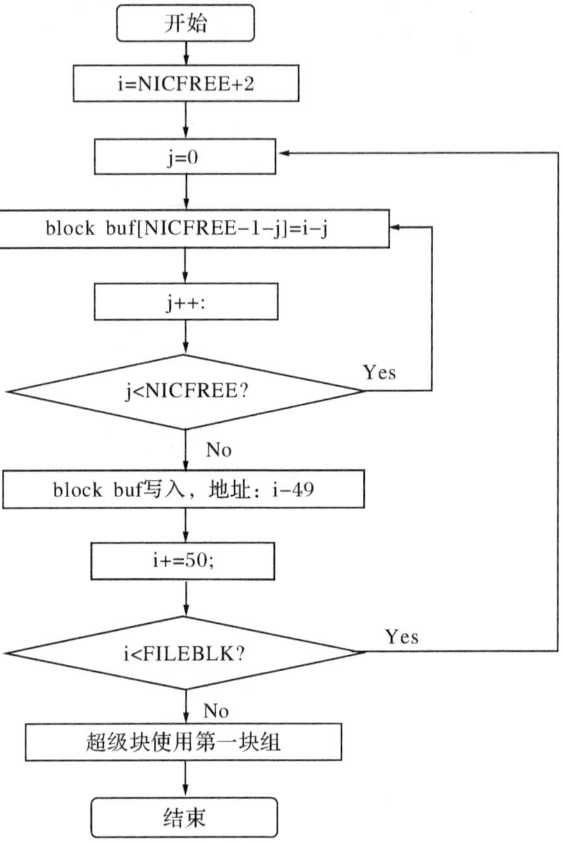

图 6-6 初始化数据块

下面是参考程序源代码：

```
for(i=NICFREE+2;i<FILEBLK;i+=50)
/* 要加上 2 的原因是：每 50 个 BLOCK 成组，在每个 BLOCK 组当中的第一个
BLOCK（称为地址块）放有整个 BLOCK 组的地址。这样，filsys.s_free[0]指向该组的
地址块，而 filsys.s_free[49]+1 则指向下一个组的地址块 */
  {
      for(j=0;j<NICFREE;j++)
      {
          block_buf[NICFREE-1-j]=i-j;
      }
```

```
        fseek(fd,DATASTART+BLOCKSIZ * (i-49),SEEK_SET);
        fwrite(block_buf,1,BLOCKSIZ,fd);
    }
// 当 i=502 之后,完成文件块 502～453 的写入;之后文件块 512～503 不能进行,需
要特殊处理
    for(i=503;i<512;i++)
        block_buf[i-503]=i;
    fseek(fd,DATASTART+BLOCKSIZ * 503,SEEK_SET);
    fwrite(block_buf,1,BLOCKSIZ,fd); // 至此,才完成 512 块文件块的定位
    for(i=0;i<NICFREE;i++)
    {
        filsys.s_free[i]=i+3;          // 从 DATASTART 的第一个 BLOCK 作
                                       // 为 MAINDIRECTORY
                                       // 第二个 BLOCK 作为 etc 目录
                                       // 第三个 BLOCK 作为 password 文件
                                       // 故此 i 要加 3
    }
```

所有的 512 个数据块被分为若干个块组,每个块组拥有 50 个数据块。每个块组的第一个数据块存放有该块组其他数据块的偏移量,这里使用偏移量来模拟数据在磁盘上的地址。当前使用块组的各个数据块地址存放在全局变量 block_buff[]当中。

②数据块的分配和回收。数据块的分配和回收由位于 ballfre. h 的代码完成。

a. balloc() 分配数据块。数据块的分配的算法流程图如图 6-7 所示。

其实现代码模块如下:

```
  if(filsys.s_nfree==0)
    {
        printf("\nDisk Full!! \n");
        return DISKFULL;
    }
    i=filsys.s_pfree;
    flag=(i==0);
    if(flag)                  // 该 BLOCK 组全部用了
    {
    fseek(fd,DATASTART+BLOCKSIZ * (filsys.s_free[NICFREE-1]+1),SEEK_
  SET);
                   // filsys.s_free[NICFREE-1]+1 指向下一个 block 组的地址块
```

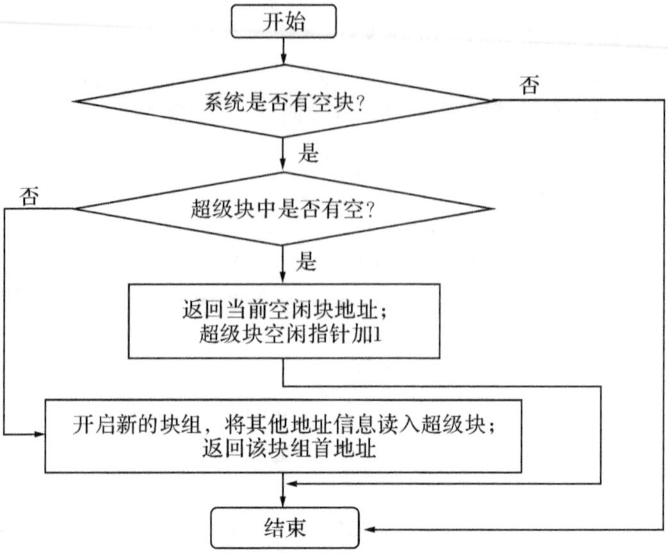

图 6-7　数据块的分配

```
        fread(block_buf,1,BLOCKSIZ,fd);
        for(i=0;i<NICFREE;i++)
        {
            filsys.s_free[i]=block_buf[i];
        }               // 将待用 block 组的地址读入超级块
        filsys.s_pfree=NICFREE-1;
        free_block=filsys.s_free[filsys.s_pfree];
    }
    else
    {
        free_block=filsys.s_free[filsys.s_pfree];
        filsys.s_pfree--;
    }
```

其中 fisys. s_nfree 便是超级块中指向下一个空闲数据块的指针。

b. bfree()回收数据块。数据块回收的算法流程如图 6-8 所示。

其代码实现如下：

```
if(filsys.s_pfree==NICFREE-1)
                        // 表示回收的 block 已经可以组成一个 block 组了
{
```

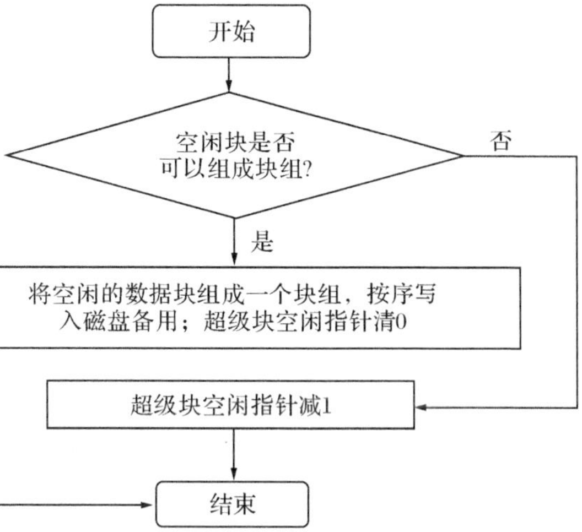

图 6-8　数据块的回收

```
    for(i=0;i<NICFREE;i++)
    {
        block_buf[i]=filsys.s_free[NICFREE-1-i];
    }
    filsys.s_pfree=0;

    fseek(fd,DATASTART+BLOCKSIZ * (filsys.s_free[0]),SEEK_SET);
                        // filsys.s_free[0]为当前 BLOCK 组的地址块
    fwrite(block_buf,1,BLOCKSIZ,fd);
}
else filsys.s_pfree++;
```

c. access 访问控制。访问控制的算法流程如图 6-9 所示。

其代码实现如下：

```
switch(mode)
  {case READ:
      if(inode->di_mode&ODIREAD) return 1;
      if((inode->di_mode&GDIREAD)&&
          (user[user_id].u_gid==inode->di_gid)) return 1;
      if((inode->di_mode&UDIREAD)&&
          (user[user_id].u_uid==inode->di_uid)) return 1;
      return 0;
```

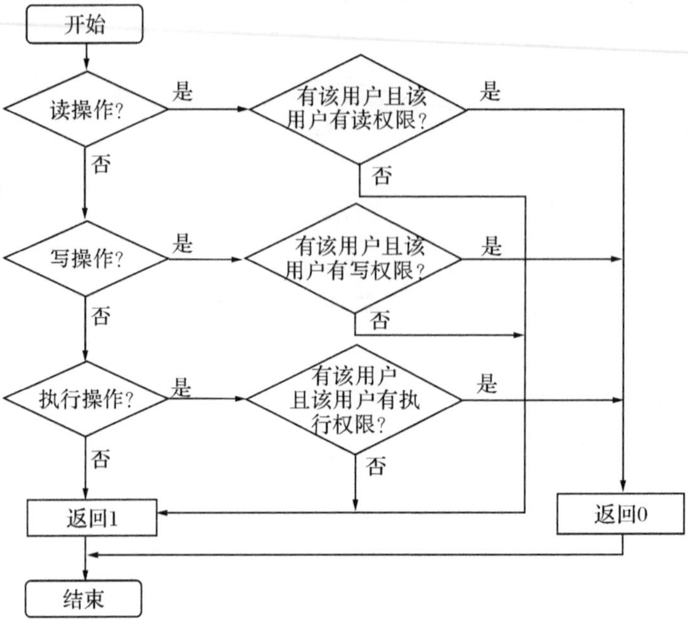

图 6-9 访问控制

```
    case WRITE: ...
    case EXICUTE: ...
  default:  rerturn 1;
```

③文件的相关操作。

a. create()文件创建。创建文件的算法流程如图 6-10 所示。

其代码实现如下：

```
while(i<USERNUM)          // user[]的值由函数 login()注册,参看文件 log.h
    {if(user[i].u_uid==uid){user_id=i;
      break;}
      i++;}
    if(i==USERNUM){
        printf("The user id is wrong.\n");
        exit(1);}
    if(di_ino! =-1)       {// 文件已经存在
    inode=iget(di_ino);
if(access(user_id,inode,mode)==0){iput(inode);
printf("\nThe access is not allowed\n");return 0;}
```

```
else{inode=ialloc();
di_ith=iname(filename);
dir.size++;
```

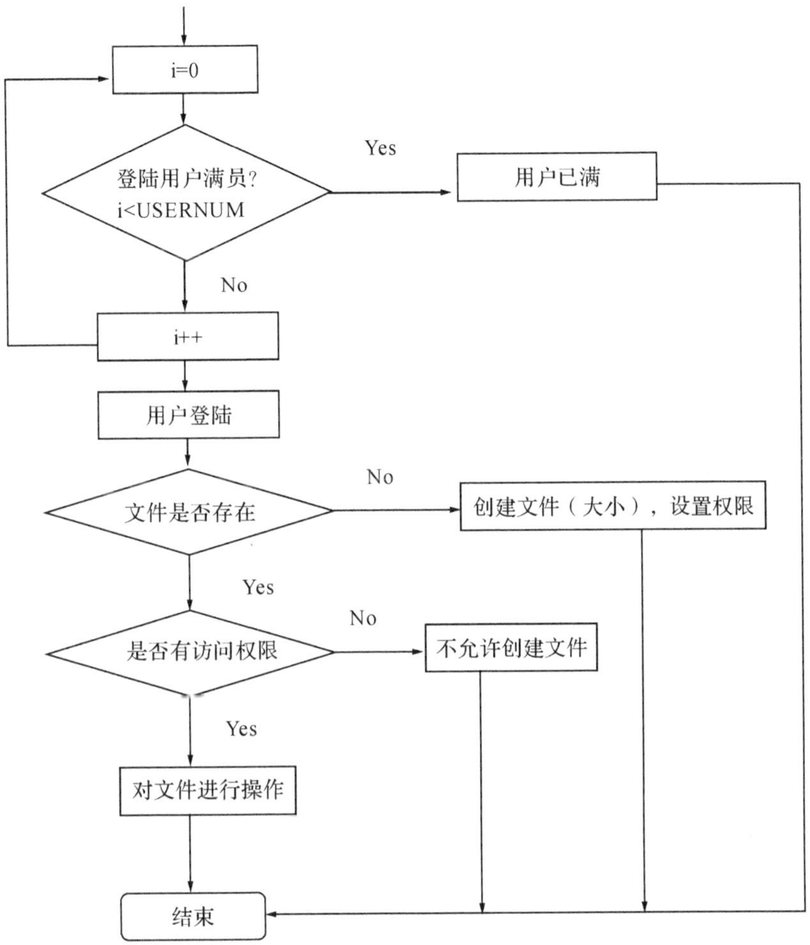

图 6-10　创建文件

b. delete()删除文件。删除文件的算法流程如图 6-11 所示。

其代码实现如下：

```
delete(char * filename){
unsigned int dinodeid;
struct inode * inode;
dinodeid=namei(filename);
```

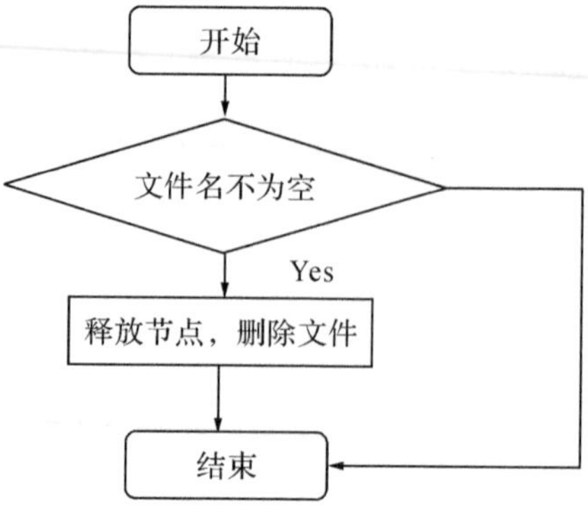

图 6-11　删除文件

```
if(dinodeid! =(int)NULL)
inode=iget(dinodeid);
inode->di_number--;
iput(inode);}
inode=sys_ofile[user[user_id].u_ofile[cfd]].f_inode;
if(! (sys_ofile[user[user_id].u_ofile[cfd]].f_flag&FREAD)){
  printf("\nThe file is not opened for read.\n");
  return 0;}
if((off+size)>inode->di_size) size=inode->di_size-off;
  block_off=off%BLOCKSIZ;
  block=off/BLOCKSIZ;
  if(block_off+size<BLOCKSIZ)
      for(i=0;i<(int)(size-block_off)/BLOCKSIZ;i++){
          fseek(fd,DATASTART+inode->di_addr[j+i] * BLOCKSIZ,SEEK_
          SET);
          fread(temp_buf,1,BLOCKSIZ,fd);
          temp_buf+=BLOCKSIZ;}      }
```

c. read()读文件。读文件的算法流程如图 6-12 所示。

其代码实现如下：

```
unsigned int read(int cfd,char * buf,unsigned int size)
{
unsigned long off;
int block,block_off,i,j;
struct inode * inode;
```

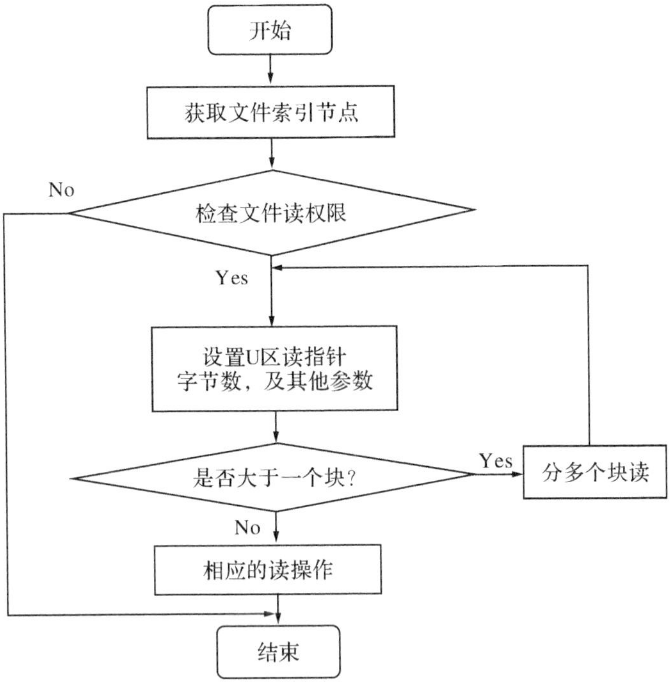

图 6-12 读文件

```
char *temp_buf;

inode=sys_ofile[user[user_id].u_ofile[cfd]].f_inode;
if(! (sys_ofile[user[user_id].u_ofile[cfd]].f_flag&FREAD))
{
    printf("-nthe file is not opened for read-n");
    return 0;
}

temp_buf=buf;
off=sys_ofile[user[user_id].u_ofile[cfd]].f_off;
if((off+size)>inode->di_size) size=inode->di_size-off;

block_off=off%BLOCKSIZ;
block=off/BLOCKSIZ;

if(block_off+size<BLOCKSIZ)
```

```
    {
        fseek(fd,DATASTART+inode->di_addr[block] * BLOCKSIZ+block_off,
        SEEK_SET);
        fread(buf,1,size,fd);
        return size;
    }

    fseek(fd,DATASTART +inode->di_addr[block] * BLOCKSIZ+block_off,SEEK_SET);
    fread(temp_buf,1,BLOCKSIZ-block_off,fd);

    temp_buf+=BLOCKSIZ-block_off;
    j=(inode->di_size-off-block_off)/BLOCKSIZ;
    for(i=0;i<(int)(size-block_off)/BLOCKSIZ;i++)
    {
    fseek(fd,DATASTART+inode->di_addr[j+i] * BLOCKSIZ,SEEK_SET);
        fread(temp_buf,1,BLOCKSIZ,fd);
        temp_buf+=BLOCKSIZ;
    }
    block_off=(size-block_off)%BLOCKSIZ;
    block=inode->di_addr[off+size/BLOCKSIZ+1];
    fseek(fd,DATASTART+block * BLOCKSIZ,SEEK_SET);
    fread(temp_buf,1,block_off,fd);

    sys_ofile[user[user_id].u_ofile[cfd]].f_off+=size;
    return size;
    }
```

d. write()写操作。写操作的算法流程如图 6-13 所示。

其代码实现如下：

```
    if(! (sys_ofile[user[user_id].u_ofile[cfd]].f_flag&FWRITE)){
          printf("\nThe file is not opened for write\n");
          return 0;}
    if(block_off+size<BLOCKSIZ){
    fseek(fd,DATASTART+inode->di_addr[block] * BLOCKSIZ+block_off,SEEK
    _SET);
          fwrite(buf,1,size,fd);
          return size;}
```

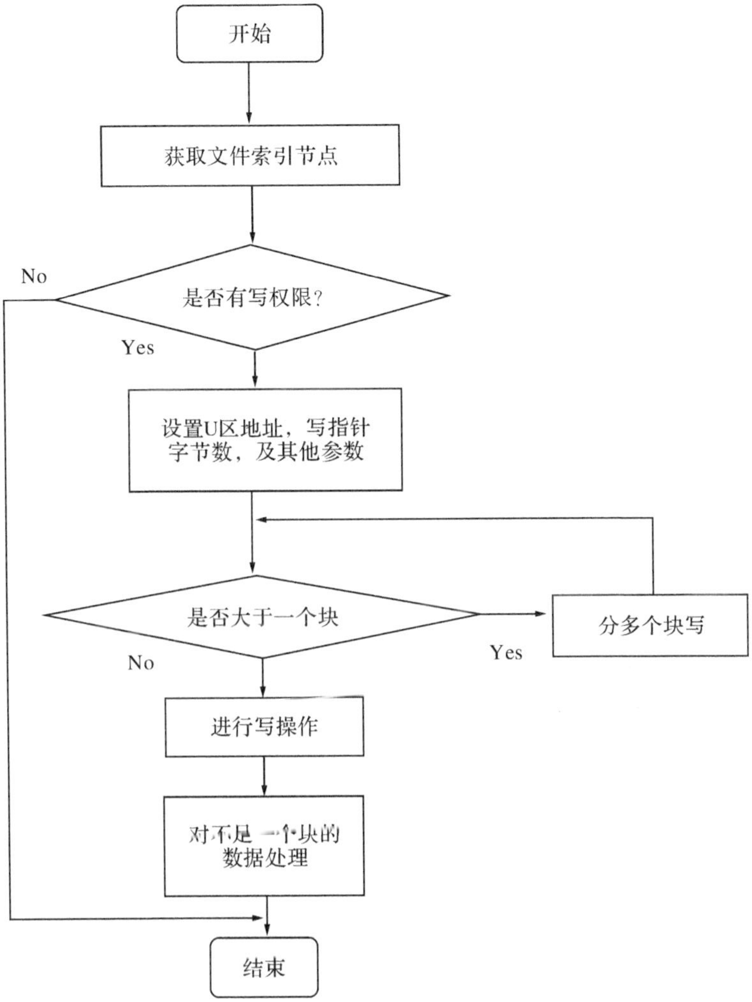

图 6-13　写操作

```
fseek(fd,DATASTART+inode->di_addr[block] * BLOCKSIZ+block_off,
SEEK_SET);
fwrite(temp_buf,1,BLOCKSIZ-block_off,fd);
temp_buf+=BLOCKSIZ-block_off;
for(i=0;i<(int)(size-block_off)/BLOCKSIZ-1;i++){
    inode->di_addr[block+1+i]=balloc();
    fseek(fd,DATASTART+inode->di_addr[block+1+i] * BLOCKSIZ,
    SEEK_SET);
```

```
        fwrite(temp_buf,1,BLOCKSIZ,fd);
        temp_buf+=BLOCKSIZ;
    }
```

e. open()打开文件。打开文件的算法流程如图 6-14 所示。

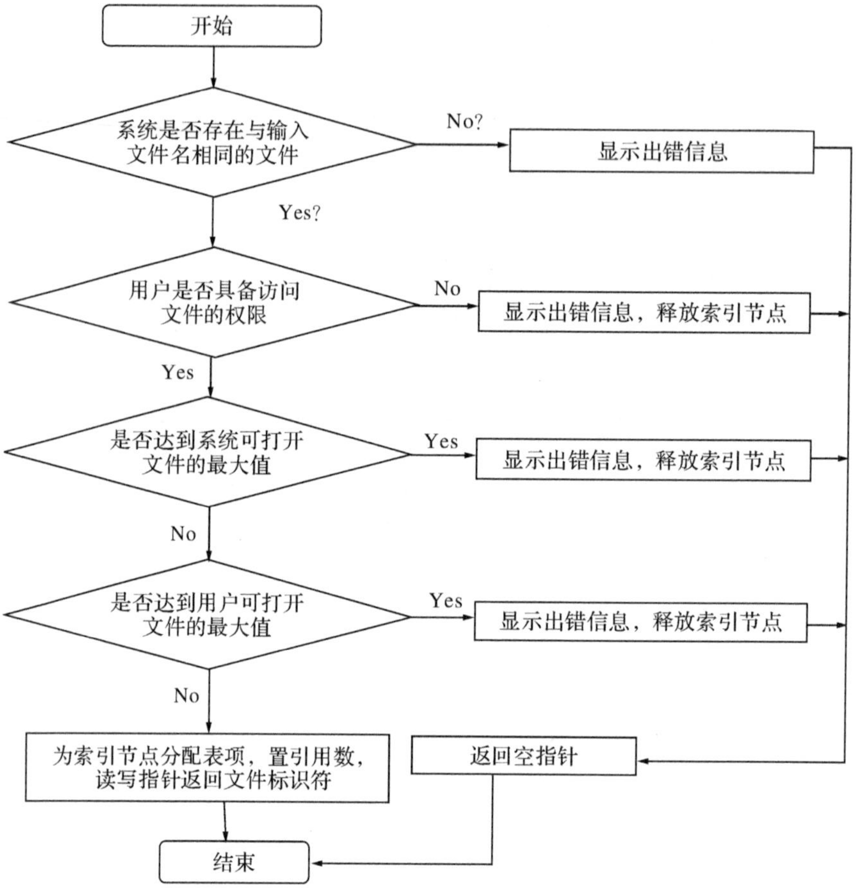

图 6-14　打开文件

其代码实现如下：

```
if(dinodeid! =(int)NULL){
  printf("\nThe file does not existed!!! \n");
  return (int)NULL;}
inode=iget(dinodeid);
if(! access(user_id,inode,openmode)){
  printf("\nThe file was not accessed !!! \n");
```

```
    iput(inode);
    return (int)NULL;}
  for(i=1;i<SYSOPENFILE;i++)
    if(sys_ofile[i].f_count==0) break;
  if(i==SYSOPENFILE){
    printf("\nThere are too many files to be opend.\n");
    iput(inode);
    return (int)NULL;
  }
```

④目录操作。

a. ls()浏览目录。浏览目录的算法流程如图 6-15 所示。

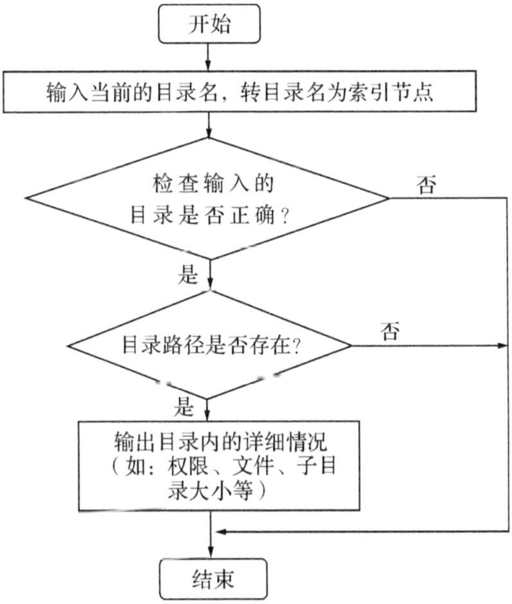

图 6-15　浏览目录

其代码实现如下：

```
for(i=0;i<dir.size;i++){
  if(dir.direct[i].d_ino! =DIEMPTY){
      printf("%sDIRSIZ",dir.direct[i].d_name);
      temp_inode=iget(dir.direct[i].d_ino);
      di_mode=temp_inode->di_mode;
      for(j=0;j<9;j++){
```

```
            one=di_mode%2;
            di_mode=di_mode/2;
            if(one) printf("x");
            else printf("-");
        }
        if(temp_inode->di_mode&&DIFILE==1){
            printf("%ld\n",temp_inode->di_size);
            printf("block chain:");
            for(i=0;i<temp_inode->di_size/BLOCKSIZ+1;i++)
            printf("%4d",temp_inode->di_addr[i]);
            printf("\n");
        }
        else printf("<dir>\n");
        iput(temp_inode);
    }
}
```

b. mkdir()创建目录。创建目录的算法流程如图 6-16 所示。

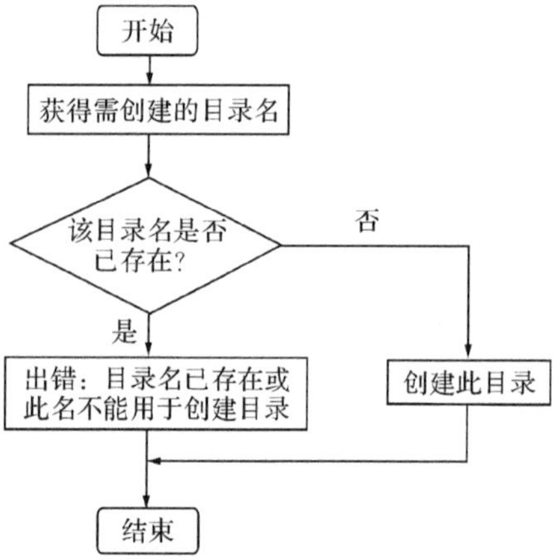

图 6-16　创建目录

其代码实现如下：

```
if(dirid! =-1){                    // dirid==-1 表示没有该目录名存在;
  inode=iget(dirid);
  if(inode->di_mode&DIDIR)
      printf("\nThe %s directory already existed!! \n");
      else printf("\n%s is a file name, so the filesystem can not creat a directory
```

```
    with the same name",dirname);
    iput(inode);
  return 0; }
```

c. chdir()改变当前目录。改变当前目录的算法流程如图 6-17 所示。

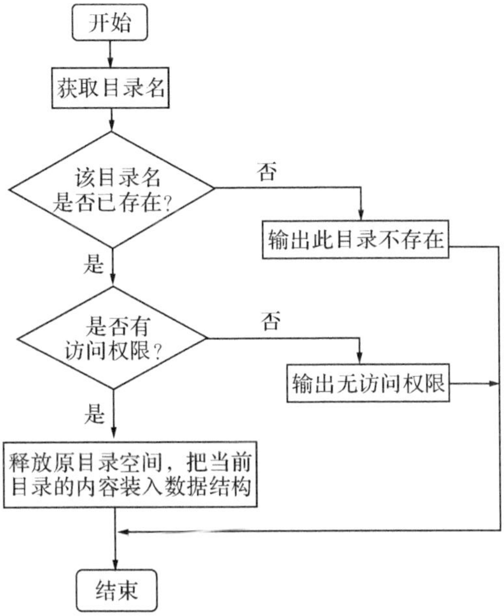

图 6-17　改变当前目录

其代码实现如下：

```
if(dirid==-1){
  printf("\nThe directory %s is not a existed directory\n",dirname);
return 0;}
inode=iget(dirid);
if(! access(user_id,inode,user[user_id].u_default_mode)){
  printf("\nThe filesystem can not access to the directory %s",dirname);
  iput(inode);
  return 0;}
for(i=0;i<dir.size;i++){
  for(j=0;j<DIRNUM;j++){
      temp=dir.direct[j].d_ino;
      if(dir.direct[j].d_ino==0||dir.direct[j].d_ino>MAX) break;}
  dir.direct[j].d_ino=0;}
```

⑤用户的登录与注销操作。

a. login()用户登录。用户登录的算法流程如图 6-18 所示。

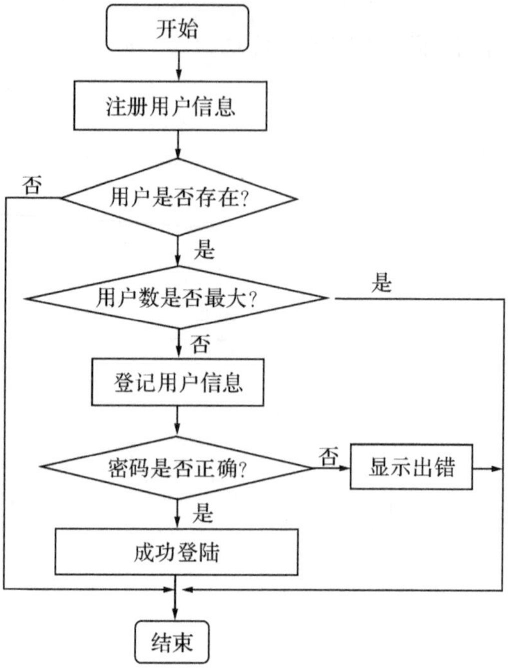

图 6-18　用户登录

其代码实现如下：

```
for(i=0;i<PWDNUM;i++){
  if((uid==pwd[i].p_uid)&&((strcmp(passwd,pwd[i].password)==0)))
    {
  j=0;
  while(j<USERNUM){
      if(user[j].u_uid==0)            break;
      else                            j++;
  }
  if(j==USERNUM){
      printf("\nThere are too much users in the filesystem, please waite! \n");
      return 0;
  }
  else {
      user[j].u_uid=uid;
```

```
        user[j].u_gid=pwd[i].p_gid;
        user[j].u_default_mode=DEFAULTMODE;
    }
    break;
}
```

b. logout()注销用户。注销用户的算法流程如图 6-19 所示。

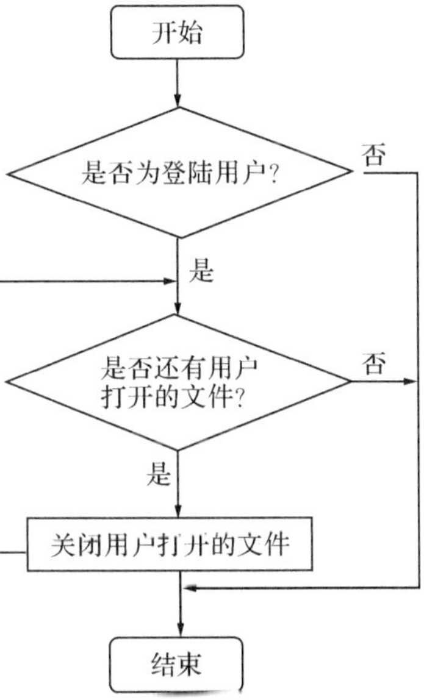

图 6-19　注销用户

其代码实现如下：

```
int i,j,sys_no;
struct inode * inode;
for(i=0;i<USERNUM;i++)
  if(uid==user[i].u_uid) break;
if(i==USERNUM){
  printf("\nThere is no such a user in filesystem.\n");
  return (int)NULL;}
for(j=0;j<NOFILE;j++){
  if(user[i].u_ofile[j]!=SYSOPENFILE+1){
      sys_no=user[i].u_ofile[j];
      inode=sys_ofile[sys_no].f_inode;iput(inode);
      sys_ofile[sys_no].f_count--;
```

```
user[i].u_ofile[j]=SYSOPENFILE+1
}
}
```

⑥文件系统的安装和退出。

a. install()安装文件系统。安装文件系统的算法流程如图 6-20 所示。

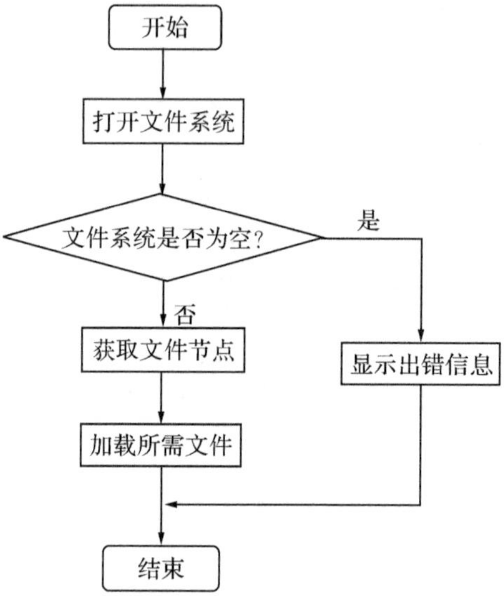

图 6-20　安装文件系统

其代码实现如下:

```
printf("install\n");
fd=fopen("filesystem","a+b");
if(fd==NULL){
  printf("\nFilesys can not be loaded.\n");
  exit(0);}
fseek(fd,BLOCKSIZ,SEEK_SET);
fread(&filsys,1,sizeof(struct filsys),fd);
i=filsys.s_free[49];
for(i=0;i<NHINO;i++)
```

b. halt()退出文件系统。退出文件系统的算法流程如图 6-21 所示。

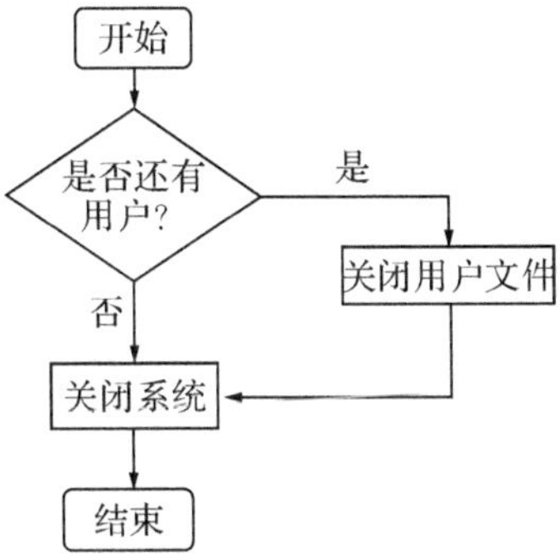

图 6-21　退出文件系统

其代码实现如下：

```
halt(){int i,j;
        for(i=0;i<USERNUM;i++){
            if(user[i].u_uid! =0){
                for(j=0;j<NOFILE;j++){
                    if(user[i].u_ofile[j]! =SYSOPENFILE+1){
                        close(user[i].u_ofile[j]);
                        user[i].u_ofile[j]=SYSOPENFILE+1;}}}}
fseek(fd,BLOCKSIZ,SEEK_SET);
fwrite(&filsys,1,sizeof(struct filsys),fd);
fclose(fd);
printf("\nGood bye. See you next time. Please turn off the switch.\n");exit(0)}
```

(4)程序说明。

实验所提供的代码为 C 语言所编写。该程序模拟文件系统所提供的操作有：login、logout、ls、mkdir、chdir 和 create(即创建一个文件)等等。所提供的功能通过主程序的菜单选择来实现。

①用户说明。代码内已预置了五个用户，其用户 ID 和口令分别为：

用户 ID	口令
2116	don1
2117	don2
2118	abcd
2119	don4
2220	don5

②源文件的简要说明。

structure. h	定义了程序中用到的数据结构
create. h	文件创建
dir . h	目录创建,删除,改变当前目录等
log. h	登陆与注销操作
access. h	访问控制
ballfre. h	数据块的分配与回收
close. h	关闭文件
delete. h	删除文件
format. h	初始化数据块
halt. h	退出文件系统
iallfre. h	索引节点的分配与释放
igetput. h	获取或释放 i 节点
Install. h	安装
name. h	文件搜索
open. h	打开文件
rdwt. h	读写文件
main. c	主函数

二、实验目的

1. 掌握文件系统的工作原理,对文件系统的静态结构进行模拟。
2. 理解文件系统主要数据结构和文件系统的动态的操作过程。
3. 了解 ext2 文件系统的结构和实现机制以及 inode、超级块等相关概念。
4. 学习文件系统的一般开发思想和较为复杂的 Linux 下的编程。

三、实验内容

设计并实现一个二级文件系统程序,要求如下:

1. 要能提供以下操作:

(1)文件创建/删除接口命令。

(2)目录创建/删除接口命令。

(3)显示目录内容命令。

2. 创建的文件不要求格式和内容。
3. 具备提供用户登录。
4. 文件和目录要有权限。

四、上机思考题

设计并实现 Linux 系统中一组目录操作，要求：

1. 设计并实现一个函数来提供目录列表(类似于 UNIX 的 shell 命令 ls)。首先，需要一个函数使物理磁盘为使用做好准备(用这个函数调用磁盘驱动程序的初始化代码以及所选择的其他初始化代码来判断磁盘几何结构)：

```
int fd_load(char driveLetter);
```

目录列表函数不需要和产品化的程序一样复杂——只需要包含基本命令就可以，而不用支持各种操作。可以使用以下函数原型：

```
int fd_ls();
```

在完成部分 A 之后，函数将只能显示根目录中的文件。

2. 设计并实现一个函数把当前目录切换到上一层目录或当前目录的一个子目录中(无需处理路径名)：

```
int fd_cd(char * directory);
```

本函数假设已经实现了子目录。在文件系统中使用一个静态变量来代表当前目录是很有用的(可以将其作为一个环境变量实现，但是在本练习中没有要求)。本函数要对当前目录变量进行操作。

3. 设计并实现一个函数来删除文件，该函数使用要删除的文件名(在当前目录中)作为参数：

```
int fd_rm(char * name);
```

该函数需要查找文件，遍历 FAT 中的链接，设置 FAT 中的每个簇项并将其标志为未使用，更新目录项。在删除的情况中，要注意文件的隐藏、只读和系统属性。任何具有这些设置的文件都不能删除。

实验二　设计并实现一个 ext2 文件系统跟踪程序

一、预备知识

1. 相关的基础知识同实验一。
2. 实验要点指导。

(1)设计思想。程序将实现 ext2 文件系统关键数据结构的显示任务,包括超级块信息、块组信息、块位图和索引节点位图的信息、目录信息、索引节点信息以及显示文件内容。ext2 文件系统跟踪程序结构框图如图 6-22 所示。

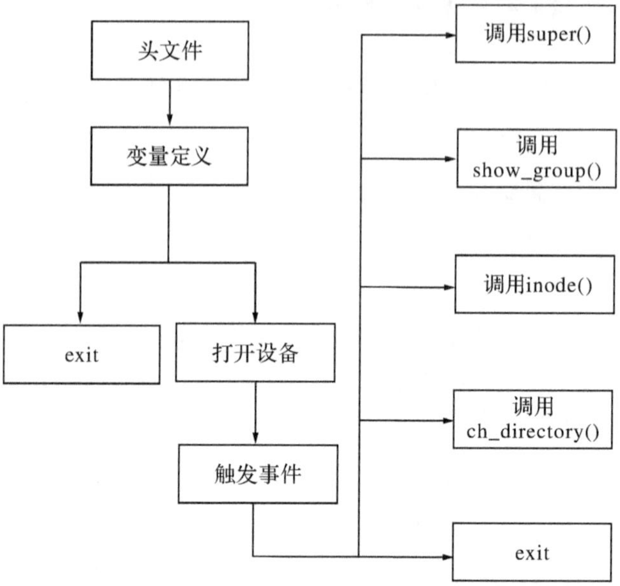

图 6-22　EXT2 文件系统跟踪程序结构框图

(2)程序实现。

a. main()函数。此函数的主要功能是在确认设备及文件系统正确后,打开并初始化超级块,然后显示菜单。可以根据自己的需要来选择使用其中的功能,流程图如图 6-23。

b. super()函数。此函数的主要功能是显示超级块的数据结构中每条字段的信息,程序流程图如图 6-24。

c. show_group()函数。此函数的主要功能是显示每块组的数据结构各字段的信息,并且可以根据需要查看块位图和索引节点位图的信息,程序流程图如图 6-25 所示。

下面为部分代码:

```
//显示第一块组的信息
for(i=0;i<group_blocks;i++)
  {
     printf("\n\nGroup %d of %d",i,group_blocks-1);
     count=i;
```

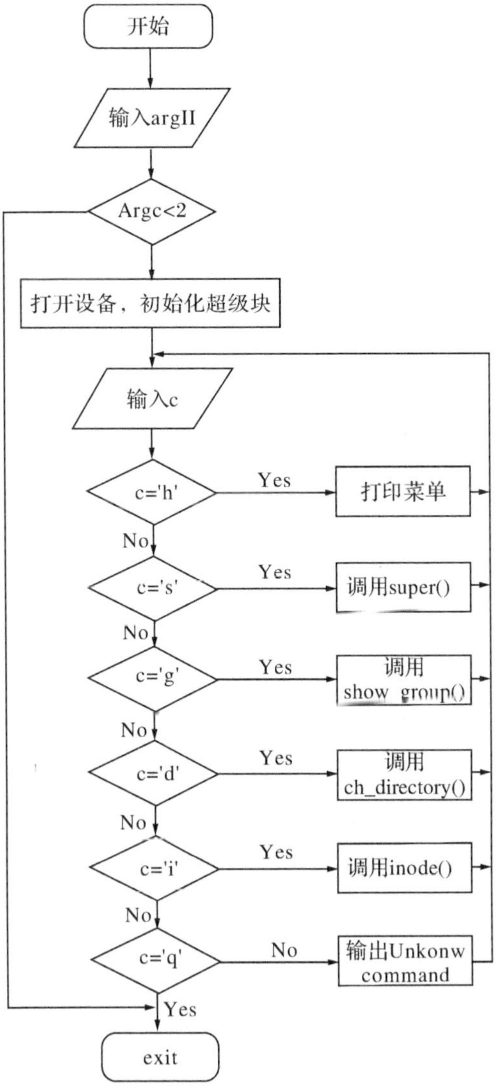

图 6-23 main()函数程序流程图

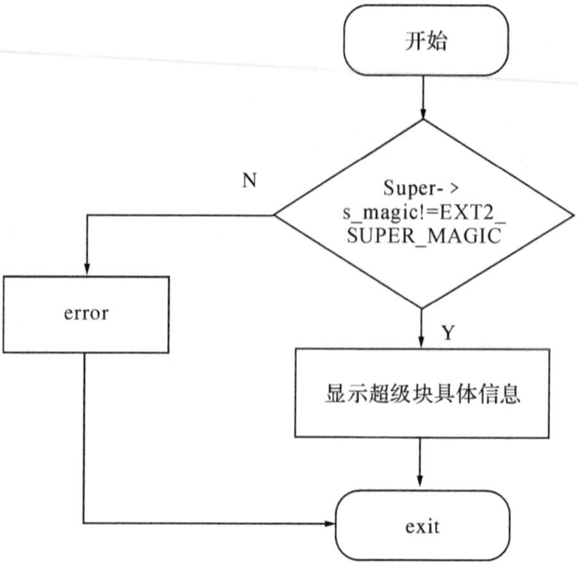

图 6-24　super( )函数程序流程图

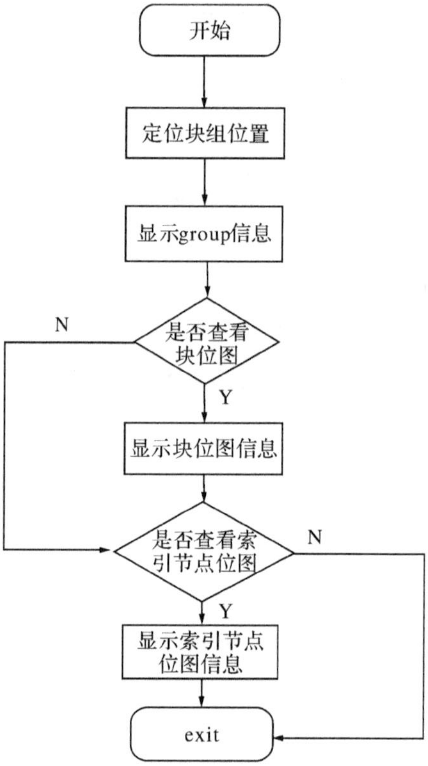

图 6-25　group( )函数程序流程图

```
        group(i);
        i=count;
      //询问是否查看下一块组信息
        if(i<(group_blocks-1))
        {
            while(1)
            {
                printf("\n\nDo you want to view the next  block? (y/n) ");
                scanf("%s",&tmp);
                str=(char *)malloc(strlen(tmp));
                strcpy(str,tmp);
         if((strcmp(str,"n")==0)||(strcmp(str,"N")==0)||(strcmp(str,"Y")=
         =0)||(strcmp(str,"y")==0))
                break;
         //不查看下一块组信息,退出
                if((strcmp(str,rep1)==0)||(strcmp(str,rep2)==0))
                break;
         }
     }
```

d. directory()函数。此函数的主要功能是根据输入的路径显示其目录下所有文件的内核目录数据结构字段信息。部分代码实现如下,程序流程图如图 6-26 所示。

```
//路径文件名分析
    while(search(ptr,ch) ! =-1)
    {
        if(i1==0)
        {
            ptr++;
            continue;
        }
    else if(i1>0)
        {
            dir_name=(char *)malloc(i1+1);
            n1=0;
            while(n1<i1)
            {
```

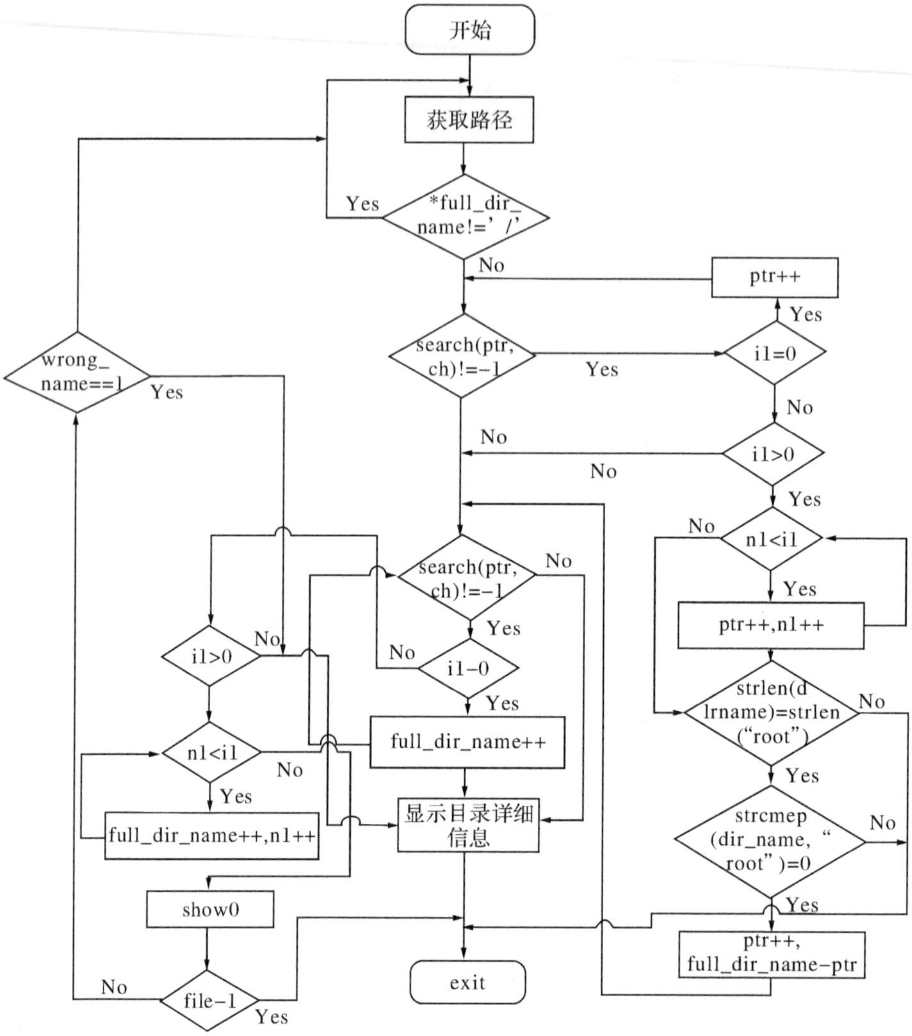

图 6-26　directory()函数程序流程图

```
            dir_name[n1]= * ptr;
            ptr++;
            n1++;
}
dir_name[n1]='\0 ';
        if(strlen(dir_name) == strlen("root"))
        {
            if(strcmp(dir_name,"root")==0)
```

```
                {
                    ptr++;
                    full_dir_name=ptr;
                }
            }
        }
    }
    x=find_block_no(2);      //2 号节点为根目录保留节点
    x=x*4096;
    i1=0;
    while(search(full_dir_name,ch)!=-1)
    {
        if(i1==0)
        {
            full_dir_name++;
            continue;
        }
else if(i1>0)    {
            dir_name=(char *) malloc(i1+1);
            n1=0;
            while(n1<i1)          {
                dir_name[n1]=*full_dir_name;
                full_dir_name++;
                n1++;   }
            dir_name[n1]='\0';
            full_dir_name++;
            i1=0;
            show();
           if(file==1)     {
                printf("\n%s is not a directory\n",dir_name);
                file=0;
                return;          }
                  //无效路径报错
            if(wrong_name==1)
            {
                wrong_name=0;
                goto again;
```

```
            }
        }
    }
```

e. inode()函数。此函数的主要功能是根据输入文件的索引节点号显示其索引节点的数据结构各字段信息，并且可以根据需要以 ASC 码或者十六进制码查看文件内容，程序流程图如图 6-27 所示，以下是部分代码：

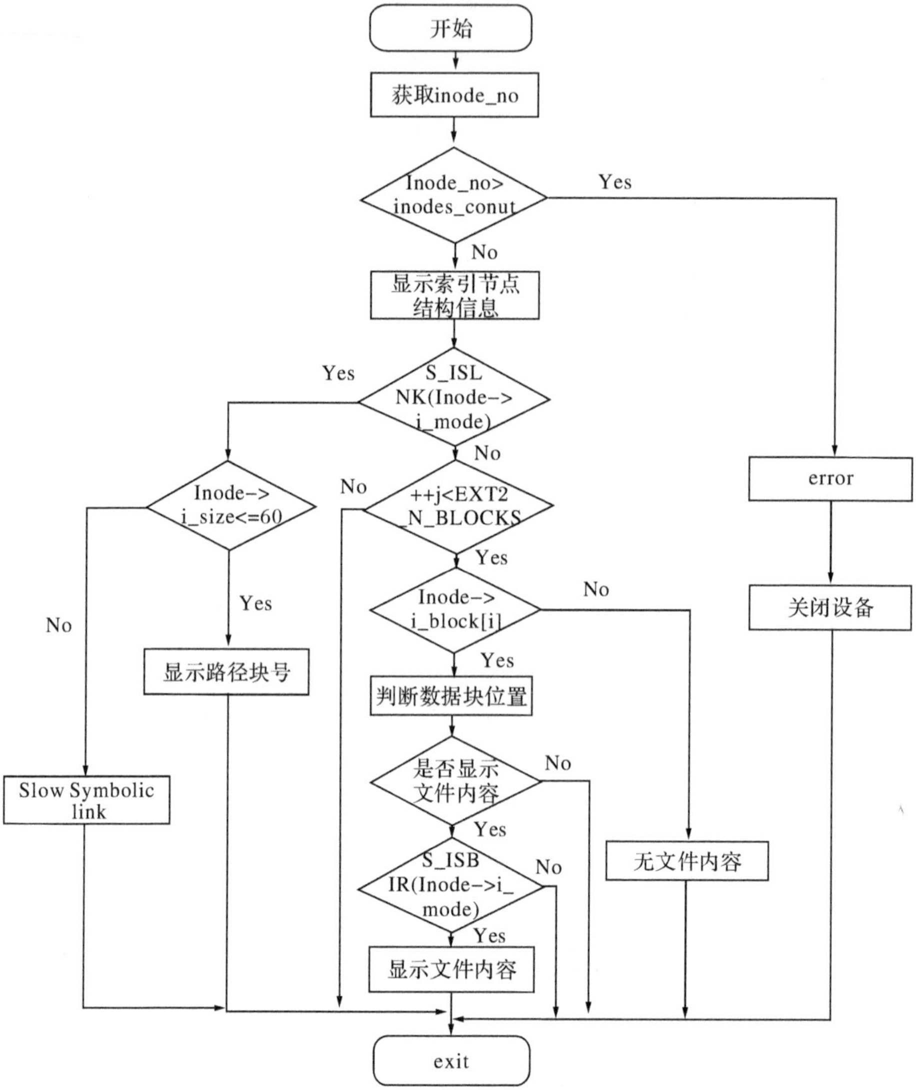

图 6-27 inode()函数程序流程图

```
//对访问的索引节点权限的判断
    Inode=(void *)(super_block_buffer);
      printf("\nMode: %d",Inode->i_mode);//&0xfff
      printf("\tOctal: %6o\t",Inode->i_mode);
    z=6;
    for(i=0;i<=6;i+=3)
      {
           temp1=Inode->i_mode&0x1ff;
           temp1=temp1>>z;
           z=z-3;
    if(temp1 & 4)
                printf("r");
      else
    printf("-");
              if(temp1 & 2)
                         printf("w");
                else
                         printf("-");
       if(temp1 & 1)
                          printf("x");
        Else
                       printf("-");
      }
                       //显示其他 inode 数据结构内容
      printf("\nUID                : %01d",Inode->i_uid);
      printf("\nGID                : %01d",Inode->i_gid);
      printf("\nSize               : %9ld",Inode->i_size);
      printf("\nAccess time        : %24s",ctime((time_t *) &Inode->i_atime));
        ……
      printf("\nFlags              : %03o",(Inode->i_mode&0x1ff000)>>12);
      printf("\nFLAGS              : %ld",Inode->i_flags);
                                   //判断是否是符号链接
           if(S_ISLNK(Inode->i_mode))     {
           printf("\n\nIt's a symbolic link.");
           if(Inode->i_size<=60)
           printf("\nPath conatined in Direct block is: %s",(char *) &Inode->i_
           block[0]);
```

```
        else    printf("Slow Symbolic link");
    return;
    }
```

f. makefile 文件。

```
ext2fs_std: main.o super.o group.o chdc.o inode.o file.o ascii.o blockbitmap.o inodebitmap.o
	gcc main.o super.o group.o chdc.o inode.o file.o ascii.o blockbitmap.o inodebitmap.o—o ext2fs_std
main.o: main.c ext2fs.h
	gcc—c main.c
super.o: super.c ext2fs.h
	gcc—c super.c
group.o: group.c ext2fs.h
	gcc—c group.c
chdc.o: chdc.c ext2fs.h
	gcc—c chdc.c
inode.o: inode.c ext2fs.h
	gcc—c inode.c
file.o: file.c ext2fs.h
	gcc—c file.c
ascii.o: ascii.c ext2fs.h
	gcc—c ascii.c
blockbitmap.o: blockbitmap.c ext2fs.h
	gcc—c blockbitmap.c
inodebitmap.o: inodebitmap.c ext2fs.h
	gcc—c inodebitmap.c
clean:
	rm *.o    #删除所有目标文件
```

二、实验目的

1. 掌握文件系统的工作原理，对文件系统的静态结构进行模拟。
2. 理解文件系统主要数据结构和文件系统的动态的操作过程。
3. 了解 ext2 文件系统的结构和缓冲、层作用在文件系统中的重要体现。
4. 学习较为复杂的 Linux 下的编程。

三、实验内容

设计并实现一个 EXT2 文件系统结构分析与跟踪程序，要求如下：

1. 显示内核超级块数据结构的字段信息。
2. 显示块组数据结构字段的信息。
3. 显示目录下所有文件的目录数据结构字段信息。
4. 根据输入的文件的索引节点号显示其索引节点数据结构字段信息。

四、上机思考题

请写出本实验 main 函数的代码，并参考上述的函数模块，完成整个程序的编写与调试。

实验三 Linux 中添加一个文件系统

一、预备知识

Linux 支持许多如 ext2，minix，vfat，nfs 等文件系统，其中 ext2 是如何实现的，这些文件系统又是如何添加上去的呢？本实验的主要目的就是帮助读者自己添加一个文件系统，进一步理解 Linux 的文件系统及其实现。

Linux 虚拟文件系统（Virtual File System VFS）的实现使 Linux 能对于它的文件访问尽可能的快速和有效，并且也必须保证文件和文件数据正确地存放。Linux VFS 在安装和使用每一个文件系统的时候都在内存中高速缓存信息。在文件和目录创建、写和删除时，这些高速缓存的数据被改动，必须非常小心才能正确地更新文件系统。如果能看到运行的核心中的文件系统的数据结构，就能够看到文件系统读写数据块，描述正在访问的文件和目录的数据结构会被创建和删除，同时设备驱动程序会不停地运转，获取和保存数据。这些高速缓存中最重要的是 Buffer Cache，在文件系统访问它们底层的块设备的时候结合进来实现。当块被访问的时候，它们被放到 Buffer Cache，根据它们的状态放在不同的队列中。Buffer Cache 不仅是作为缓存数据缓冲区，它也帮助管理块设备驱动程序的异步接口。

1. ext2 文件系统

ext2 被发明作为 Linux 一个可扩展和强大的文件系统。它至少在 Linux 社区中是最成功的文件系统，是所有当前的 Linux 发布版的基础。ext2 文件系统像多数文件系统一样，建立在文件的数据存放在数据块中的前提下。这些数据块都是相同长度，虽然不同的 ext2 文件系统的块长度可以不同，但是对于一个特定的 ext2 文件系统，它的块长度在创建的时候就确定了(使用 mke2fs)。每一个文件的长度都按照块取整。如果块大小是 1024 字节，一个 1025 字节的文件会占用两个 1024 字节的块。不幸的是这一意味着每一个文件将大约浪费半个块。通常计算中会用磁盘来交换 CPU 对于内存的使用，这种情况下，Linux 像大多数操作系统一样，为了较少 CPU 的负载，使用相对低效率的磁盘利用率来交换。

文件系统中不是所有的块都包含数据，一些磁盘块用于放置描述文件系统结构的信息。ext2 用一个 inode 数据结构描述系统中的每一个文件，定义系统的结构信息。一个 inode 描述了一个文件中的数据占用了哪些磁盘块以及文件的访问权限、文件的修改时间和文件的类型。每一个 inode 都用一个独一无二的数字标识。文件系统的 inode 都一起放在 inode 表中。ext2 的目录是简单的特殊文件(它们也使用 inode 描述)，包括目录条目的 inode 的指针。

只要提到文件系统，块设备都可以看作是一系列能够读写的块。文件系统不需要关心自身要放在物理介质的哪一个块上，这是设备驱动程序的工作。当一个文件系统需要从包括它的块设备上读取信息或数据的时候，它请求对它支撑的设备驱动程序读取整数数目的块。ext2 文件系统把它占用的逻辑分区划分成块组(Block Group)。每一个块组除了当作信息和数据块来存放真实的文件和目录之外，还复制对于文件系统一致性至关重要的信息。这种复制的信息对于发生灾难，文件系统需要恢复的时候是必要的。下面对于每一个块组的内容进行了详细的描述。

(1)ext2 索引节点(ext2 I 节点)。在 ext2 文件系统中，索引节点是基本的数据块，每个文件和目录有且只有一个索引节点与之对应。每个块组中的索引节点保存在索引节点表中，同时也保存有跟踪节点分配情况的位图，让系统跟踪分配和未分配的 I 节点。ext2 inode 的格式，详细内容参见 include/linux/ext2_fs_i. h，其中：

inode：包括两组信息，描述了什么和用户对于它的权限。

Owner Information：这个文件或目录的数据的用户和组标识符。这允许文件系统正确地进行文件访问权限控制。

Size：文件的大小(字节)。

Timestamps：这个索引节点创建的时间和它上次被修改的时间。

Datablocks：指向这个索引节点描述的数据的块的指针。最初的 12 个是指向这个 inode 描述的数据的物理块，最后的 3 个指针包括更多级的间接的数据块。例如，两级的间接块指针指向一个指向数据块的块指针。这意味着小于或等于 12 数据块大小的文件比更大的文件访问更快。

应该注意 ext2 索引节点可以描述特殊设备文件。这些不是真正的文件，程序可以根据这些设备文件访问设备。/dev 下所有的设备文件都是为了允许程序访问 Linux 的设备。例如 mount 程序用它希望安装的设备文件作为参数。

(2)ext2 超级块(The ext2 Superblock)。超级块包括这个文件系统基本大小和形状的描述。它里面的信息用于文件系统管理程序维护文件系统。通常文件系统安装时只有块组 0 中的超级块被读取，但是每一个块组中都包含一个复制的拷贝，用于系统崩溃的时候。除了其他一些信息，具体内容参见源代码包中的 include/linux/ext2_fs_sb. h。

Magic Number 允许安装软件检查这是否是一个 ext2 文件系统的超级块。对于当前版本的 ext2 是 0xEF53。

Revision Level major 和 minor 修订级别允许安装代码确定这个文件系统是否支持只有在这种文件系统特定修订下才有的特性。这也是特性兼容域，帮助安装代码确定哪些新的特征可以安全地使用在这个文件系统上。

Mount Count and Maximum Mount Count 允许系统确定这个文件系统是否需要完全检查。每一次文件系统安装的时候 mount count 增加，当它等于 maximum mount count 的时候，会显示告警信息"maximal mount count reached，running e-2fsck is recommended"。

Block Group Number：存放这个超级块拷贝的块组编号。

Block Size：这个文件系统的块的字节大小，例如 1024 字节。

Blocks per Group：组中的块数目。像块大小一样，是文件系统创建的时候确定的。

Free Blocks：文件系统中空闲块的数目。

Free inodes：文件系统中空闲的 inode。

First inode：系统中第一个 inode 的编号。一个 ext2 根文件系统中的第一个 inode 是'/'目录的目录条目。

(3)ext2 组描述符(The ext2 Group Descriptor)。每一个块组都有一个数据结构描述，所有组描述符在每一块组都进行复制。每一个组描述符包括具体信息参见 include/linux/ext2_fs. h ext2_group_desc。

Blocks Bitmap：块组的块分配位图的块编号，用在块的分配和回收过程中。

Inode Bitmap：块组的 inode 位图的块编号。用在 inode 的分配和回收过程中。

组描述符依次排列，它们一起组成了组描述符表(group descriptor table)。每一个块组包括块组描述符表和它的超级块的完整拷贝。只有第一个拷贝(在块组 0)实际被 ext2 文件系统使用。其他拷贝，像超级块的其他拷贝一样，只有在主拷贝损坏的时候才使用。

(4)ext2 目录(ext2 Directories)。在 ext2 文件系统中，目录是特殊文件，用来创建和存放对于文件系统中的文件的访问路径。具体内容参见 include/linux/ext2_fs. h ext2_dir_entry。

目录条目中的 inode：这是个放在块组的 inode 表中的 inode 数组的索引。

name length：目录条目的字节长度。

Name：这个目录条目的名字。

每一个目录中的前两个条目总是标准的“.”和“..”，分别表示“本目录”和“父目录”。

(5)ext2 中文件查找。Linux 的文件名和所有的 Unix 文件名的格式一样。它是一系列目录名，用“/”分隔，以文件名结尾。一个文件名称的例子是/home/oyy/.testfile，其中/home 和/oyy 是目录名，文件名是. testfile。与其他 Unix 系统一样，Linux 不关心文件名本身的格式：它可以为任意长度，由可打印字符组成。为了在 ext2 文件系统中找到代表这个文件的 inode，系统必须逐个解析目录中的文件名直到得到这个文件。

所需的第一个 inode 是这个文件系统的根的 inode。通过文件系统的超级块找到它的编号。为了读取一个 ext2 inode 必须在适当的块组中的 inode 表中查找。

例如，如果根的 inode 编号是 40，那么需要块组 0 中的 inode 表中的第 40 个 inode。Root inode 是一个 ext2 目录，换句话说 root inode 的模式描述它是一个目录，它的数据块包括 ext2 目录条目。

home 是这些目录条目之一，这些目录条目提供了描述/home 目录的 inode 编号。首先读取它的 inode，读取从这个 inode 描述的数据块读取目录条目，然后查找 oyy 条目，给出描述/home/oyy 目录的 inode 编号。最后，读取描述/home/oyy 目录的 inode 指向的目录条目，找到. testfile 文件的 inode 编号，这样就得到了包括文件里信息的数据块。

(6)ext2 文件系统整理。文件系统的一个常见问题是它趋于更多碎片。包含文件数据的块分布在整个文件系统，数据块越分散，对于文件数据块的顺序访问越没有效率。ext2 文件系统需克服这种情况，它分配给一个文件的新块物理上和它的当前数据块接近或者至少和它的当前数据块在一个块组里面。只有这个失败了它才分配其它块组中的数据块。

当一个进程要对一个文件写入数据时，Linux 文件系统检查数据是否会超出文件最后分配块的结尾。如果是，它必须为这个文件分配一个新的数据块。直到这个分配完成，该进程无法运行，它必须等待文件系统分配新的数据块并把剩下的数据写入，然后才能继续。ext2 块分配例程所要做的第一个事情是锁定这个文件系统的 ext2 超级块。分配和释放块需要改变超级块中的域，Linux 文件系统不能允许多于一个进程同一时间都进行改变。如果另一个进程需要分配更多的数据块，它必须等待，直到这个进程完成。等待超级块的进程被挂起，不能运行，直到超级块的控制权被它的当前用户释放。对于超级块的访问授权基于一个先来先服务的基础(first come first serve)，一旦一个进程拥有了超级块的控制，它一直维持控制权到它完成。锁定超级块之后，进程检查文件系统是否有足够的空闲块。如果没有足够的空闲块，分配更多的尝试会失败，进程交出这个文件系统超级块的控制权。

如果文件系统中有足够的空闲块，进程会试图分配一块。如果这个 ext2 文件系统已经建立了预分配的数据块，就可以取用。预分配的块实际上并不存在，它们只是分配块的位图中的保留块。VFS inode 用两个 ext2 特有的域表示我们试图分配新数据块的文件：prealloc_block and prealloc_count，分别是预分配块中第一块的编号和预分配块的数目。如果没有预分配块或者预分配被禁止，ext2 文件系统必须分配一个新的数据块。ext2 文件系统首先查看文件最后一个数据块之后数据块是否空闲。逻辑上，这是可分配的效率最高的块，因为可以让顺序访问更快。如果这个块不是空闲，继续查找，在随后的 64 块中找理想的数据块。这个块，虽然不是最理想，但是至少和文件的其它数据块相当接近，在一个块组中。具体实现参见 fs/ext2/balloc. c 中 ext2_new_block()函数。

如果这些块都没有空闲的，进程开始顺序查看所有其它块组直到它找到空闲的块。块分配代码在这些块组中查找 8 个空闲数据块的簇。如果无法一次找到 8 个，它会降低要求。如果希望进行块预分配，并允许，它会相应地更新 prealloc_block 和 prealloc_count。

不管在哪里找到了空闲的数据块，块分配代码会更新块组的块位图，并从 buffer cache 中分配一个数据缓冲区。这个数据缓冲区使用支撑文件系统的设备标识符和分配块的块编号来唯一标识。缓冲区中的数据被置为 0，缓冲区标记为“dirty”表示它的内容还没有写到物理磁盘上。最后，超级块本身也标记位“dirty”，显示它进行了改动，然后它的锁被释放。如果有进程在等待超级块，那么队列中第一个进程就允许运行，得到超级块的排它控制权，进行它的文件操作。进程的数据写到新的数据块，如果数据块填满，整个过程重复进行，再分配其它数据块。

2. The Virtual File System(虚拟文件系统 VFS)

虚拟文件系统必须管理任何时间安装的所有的不同的文件系统。为此它管理描述整个文件系统(虚拟)和各个真实的、安装的文件系统的数据结构。

VFS 也使用超级块和 inode 来描述系统的文件，这与 ext2 文件系统使用的超级块和 inode 的方式非常相似。与 ext2 的 inode 类似，VFS 的 inode 描述系统中的文件和目录：虚拟文件系统的内容和拓扑结构。

当每一个文件系统初始化的时候，它自身向 VFS 登记。这发生在启动操作系统初始化自身时。真实的文件系统自身建立在内核中或者是作为可加载的模块。文件系统模块在系统需要的时候加载，所以，如果 VFAT 文件系统用核心模块的方式实现，那么它只有在一个 VFAT 文件系统安装的时候才加载。当一个块设备文件系统安装的时候，(包括 root 文件系统)，VFS 必须读取它的超级块。每一个文件系统类型的超级块的读取例程必须找出这个文件系统的拓扑结构，并把这些信息映射到一个 VFS 超级块的数据结构上。VFS 保存系统中安装的文件系统的列表和它们的 VFS 超级块列表。每一个 VFS 超级块包括了文件系统的信息和完成特定功能例程的指针。例如，表示一个安装的 ext2 文件系统的超级块包括一个 ext2 相关 inode 的读取例程的指针。这个 ext2 inode 读取例程，像所有和文件系统相关的 inode 读取例程一样，填充 VFS inode 的域。每一个 VFS 超级块包括文件系统中的一个 VFS inode 的指针。对于 root 文件系统，这是表示"/"目录的 inode。这种信息映射对于 ext2 文件系统相当高效，但是对于其他文件系统相对效率较低。

当系统的进程访问目录和文件的时候，调用系统例程，游历系统中的 VFS inode。例如再一个目录中输入 ls 或者 cat 一个文件，让 VFS 查找代表这个文件系统的 VFS inode。因为系统中的每一个文件和目录都用一个 VFS inode 代表，所以一些 inode 会被重复访问。这些 inode 保存在 inode cache，这让对它们的访问更快。如果一个 inode 不在 inode cache 中，那么必须调用一个和文件系统相关的例程来读取适当的 inode。读取这个 inode 的动作让它被放到了 inode cache，以后对这个 inode 的访问会让它保留在 cache 中。较少使用的 VFS inode 会从这个高速缓存中删除。具体实现参见 fs/inode.c。

所有的 Linux 文件系统使用一个共同的 buffer cache 来缓存底层设备的数据缓冲区，这样可以加速对于存放文件系统物理设备的访问，从而加快对文件系统的访问。这个 buffer cache 独立于文件系统，集成在 Linux 核心分配、读和写数据缓冲区的机制中。让 Linux 文件系统独立于底层的介质和支撑的设备驱动程序有特殊的好处。所有的块结构的设备向 Linux 核心登记，并表现为一个统一的，以块为基础的，通常是异步的接口。甚至相对复杂的块设备比如 SCSI 设备也是这样。当真实的文件系统从底层的物理磁盘读取数据的，引起块设备驱动程序从它们控制的设备上读取物理块。在这个块设备接口中集成了 buffer cache。当文件系统读取了块的时候，它们被存放到了所有文件系统和 Linux 核心共享的全局 buffer cache 中。其中的 buffer(缓冲区)用它们的块编号和被读取设备的一个唯一标识符来标记。所以，如果相同的数据经常需要，它会从 buffer cache 中读取，而不是从磁盘读取(会花费更多时间)。一些设备支持超前读(read ahead)，数据块会预先读取，以备以后可能的读取。具体实现参见 fs/buffer.c。

VFS 也保存了一个目录查找的缓存，所以一个常用目录的 inode 可以快速找到。作为一个试验，试着对最近没有列表的目录列表。第一次列表时，注意短暂的停顿，第二次列表时，结果会立即出来。目录缓存本身不存储目录里的 inode，这是 inode cache 负责的，目录缓存只是存储目录项目全称和它们的 inode 编号。具体实现参见 fs/dcache. c。

(2)VFS 超级块(The VFS Superblock)。每一个安装的文件系统都用 VFS 超级块表示。除了其他信息，VFS 超级块包括：具体实现参见 include/linux/fs. h。

device 这是包含文件系统的块设备的设备标识符。例如，/dev/hda1，系统中的第一个 IDE 磁盘，设备标识符是 0x301。

inode pointers 其中的 mounted inode 指针指向该文件系统的第一个 inode。Covered inode 指针指向文件系统安装到的目录的 inode。对于 root 文件系统，它的 VFS 超级块中没有 covered 指针。

blocksize 文件系统块的字节大小，例如 1024 字节。

superblock operations 指向一组本文件系统超级块例程的指针。除了其他类型之外，VFS 使用这些例程读写 inode 和超级块。

File System type 指向这个安装的文件系统的 file_system_type 数据结构的一个指针。

File System Specific 指向这个文件系统需要的信息的一个指针。

(2)VFS 索引节点(The VFS Inode)。与 ext2 文件系统类似，VFS 中每一个文件、目录等等都用一个且只用一个 VFS inode 代表。每一个 VFS inode 中的信息使用文件系统相关的例程从底层的文件系统中获取。VFS inode 只在核心的内存中存在，只要对系统有用，就一直保存在 VFS inode cache 中。除了其它信息，VFS inode 包括一些域：具体实现参见 include/linux/fs. h。

device：存放这个文件(或这个 VFS inode 代表的其它实体)的设备标识符。

inode number：这个 inode 的编号，在这个文件系统中唯一。Device 和 inode number 的组合在整个虚拟文件系统中是唯一的。

mode 像 ext2 一样，这个域描述这个 VFS inode 代表的东西和对它的访问权限。

user ids：属主标识符。

times 创建、修改和写的时间。

block size：这个文件的块的字节大小，例如 1024 字节。

inode operations：向一组例程地址的指针。这些例程和文件系统相关，执行对于这个 inode 的操作，例如 truncate 这个 inode 代表的文件。

count：统组件当前使用这个 VFS inode 的数目。Count 0 意味着这个 inode 是空闲，可以废弃或者重用。

Lock：个域用于锁定这个 VFS inode，例如当从文件系统读取它的时候。

Dirty：示这个 VFS inode 是否被写过，如果这样，底层的文件系统需要更新。

(3)件系统(Registering the File Systems)。当建立 Linux 核心的时候，会被提问是否需要每一个支持的文件系统。当核心建立的时候，文件系统初始化代码包括对于所有内建的文件系统的初始化例程的调用。Linux 文件系统也可以建立成为模块，这种情况下，它们可以在需要的时候加载或者手工使用 insmod 加载。当加一个文件系统模块的时候，它自身向核心登记，当卸载的时候，它就注销。每一个文件系统的初始化例程都向虚拟文件系统注册自身，并用一个 file_system_type 数据结构代表，这里面包括文件系统的名称和一个指向它的 VFS 超级块的读取例程的指针。file_system_type 数据结构被放到了由 file_systems 指针指向的一个列表中。每一个 file_system_type 数据结构包括以下信息：具体实现参见 fs/filesystems. c sys_setup()和 include/linux/fs. h file_system_type。

superblock read routine 在这个文件系统的一个实例安装的时候，由 VFS 调用这个例程。

File Systme name 文件系统的名称，例如 ext2。

device needed 是否这个文件系统需要一个设备支持，并非所有的文件系统需要一个设备来存放。例如/proc 文件系统，不需要一个块设备。

(4)安装文件系统。当超级用户要安装一个文件系统的时候，Linux 核心必须首先验证系统调用中传递的参数。虽然 mount 可以执行一些基本的检查，但是它不知道这个核心建立是可以支持的文件系统或者提议的安装点是否存在。考虑以下的 mount 命令：

```
$ mount -t iso9660 -o ro /dev/cdrom /mnt/cdrom
```

这个 mount 命令会传递给核心三部分信息：文件系统的名称、包括这个文件系统的物理块设备和这个新的文件系统要安装在现存的文件系统拓扑结构中的哪一个地方。

虚拟文件系统要做的第一件事情是找到这个文件系统。它首先查看 file_systems 指向的列表中的每一个 file_system_type 数据结构，查看所有已知的文件系统。如果它找到了一个匹配的名称，它就直到这个核心支持这个文件系统类型，并得到了文件系统相关例程的地址，去读取这个文件系统的超级块。如果它不能找到一个匹配的文件系统名称，如果核心内建了可以支持核心模块按需加载，就可以继续。这种情况下，在继续之前，核心会请求核心守护进程加载适当的文件系统模块。具体参见 fs/super. c do_mount() 和 fs/super. c get_fs_type()函数。

二、实验目的

1. 深入理解操作系统文件系统原理。
2. 学习理解 Linux 的 VFS 文件系统管理技术。
3. 学习理解 Linux 的 ext2 文件系统实现技术。
4. 设计和实现自定义文件系统。

三、实验内容

添加一个类似于 ext2 的自定义文件系统 myext2。对 myext2 文件系统的描述如下：myext2 文件系统的物理格式定义与 ext2 基本一致，除了 myext2 的 magic number 是 0x6666，而 ext2 的 magic number 是 0xEF53；myext2 是 ext2 的定制版本，它只支持原来 ext2 文件系统的部分操作，以及修改了的部分操作。

文件系统的定义和操作是完成了，但不要忘了，这样的一个文件系统如何去创建呢？我们最后还要提供一个创建 myext2 文件系统的工具：mkfs. myext2。

1. 解决方法

如何实现上面提出来的要求呢？首先从添加一个完全和 ext2 相同的 myext2 开始，然后再对 myext2 进行雕琢，逐步达到上一小节提到的要求：先修改 magic number，再修改 Linux 对 myext2 文件系统的一些操作。最后是创建文件系统工具 mkfs. myext2 的完成。

(1)添加一个和 ext2 完全相同的文件系统 myext2。首先是确定实现 ext2 文件系统的内核源码是由哪些文件组成。Linux 源代码结构很清楚地告诉我们：fs/ext2 目录下的所有文件是属于 ext2 文件系统的。再检查一下这些文件所包含的头文件，可以初步总结出来 Linux 源代码中属于 ext2 文件系统的有：

```
fs/ext2/acl.c
fs/ext2/acl.h
fs/ext2/balloc.c
fs/ext2/bitmap.c
fs/ext2/dir.c
fs/ext2/ext2.h
fs/ext2/file.c
fs/ext2/fsync.c
fs/ext2/ialloc.c
```

```
fs/ext2/inode.c
fs/ext2/ioctl.c
fs/ext2/namei.c
fs/ext2/super.c
fs/ext2/symlink.c
fs/ext2/xattr.c
fs/ext2/xattr.h
fs/ext2/xattr_security.c
fs/ext2/xattr_trusted.c
fs/ext2/xattr_user.c
fs/ext2/xip.c
fs/ext2/xip.h
include/linux/ext2_fs.h
include/linux/ext2_fs_sb.h
```

有了这些初步的信息后(当然这些信息是否正确,还需后面的检验),我们接下来开始添加 myext2 文件系统的源代码到 Linux 源代码。

由于本节工作是要克隆 ext2 文件系统到 myext2 文件系统,所以我们需要把 ext2 部分的源代码克隆到 myext2 去,即复制一份以上所列的 ext2 源代码文件给 myext2 用。按照 Linux 源代码的组织结构,我们把 myext2 文件系统的源代码存放到 fs/myext2 下,头文件放到 include/linux 下。在 Linux 的 shell 下,执行如下操作(也许需要先转成 root 用户):

```
# cd /usr/src/linux
# cd fs
# cp-R ext2 myext2
# cd ../include/linux
# cp ext2_fs.h myext2_fs.h
# cp ext2_fs_sb.h myext2_fs_sb.h
# cd /usr/src/linux/fs/myext2
# mv ext2.h myext2.h
```

这样就完成了克隆文件系统工作的第一步——源代码复制。对于克隆文件系统来说,这样当然还远远不够,因为文件里面的数据结构名、函数名、以及相关的一些宏等内容还没有根据 myext2 改掉,连编译都通不过。

下面开始克隆文件系统的第二步：修改上面添加的文件的内容。为了简单起见，我们做了一个最简单的替换：将原来 * EXT2 * 替换成 * MYEXT2 * ；将原来的 * ext2 * 替换成 * myext2 * 。

如果读者是使用 vi 编辑单个文件的话，可以使用类似于这样的替换命令：

```
:%s/EXT2/MYEXT2/gc
:%s/ext2/myext2/gc
```

对于 fs/myext2 下面文件中字符串的替换，也可以使用下面的脚本：

```
#! /bin/sh

SCRIPT=substitute.sh

for f in * ;
do
  if [ $f= $SCRIPT ]; then
      echo "skip $f"
      continue
  fi

  echo-n "substitute ext2 to myext2 in $f..."
  cat $f | sed 's/ext2/myext2/g' > ${f}_tmp
  mv ${f}_tmp $f
  echo "done"

  echo-n "substitute EXT2 to MYEXT2 in $f..."
  cat $f | sed 's/EXT2/MYEXT2/g' > ${f}_tmp
  mv ${f}_tmp $f
  echo "done"

done
```

把这个脚本命名为 substitute.sh，放在 fs/myext2 下面，加上可执行权限，运行之后就可以把当前目录里所有文件里面的“ext2”和“EXT2”都替换成对应的“my-ext2”和“MYEXT2”。

完成这一步之后，可以用 diff 来看看修改后的代码。

```
# diff -Naur fs/ext2/ fs/myext2/ > /home/kai/myext2.diff
```

改动的地方还比较多，例如：

```
---include/linux/ext2_fs.h      2006-01-02 22:21:10.000000000-0500
+++include/linux/myext2_fs.h     2007-08-15 05:35:06.000000000-0400
@@-1,5+1,5 @@
/*
-*   linux/include/linux/ext2_fs.h
+*   linux/include/linux/myext2_fs.h
...
-struct ext2_inode {
+struct myext2_inode {
_le16     i_mode;          /* File mode */
_le16     i_uid;           /* Low 16 bits of Owner Uid */
_le32     i_size;          /* Size in bytes */
@@-231,7+231,7 @@
        _le32   m_i_reserved1;
    } masix1;
} osd1;                        /* OS dependent 1 */
-      _le32     i_block[EXT2_N_BLOCKS];/* Pointers to blocks */
+      _le32     i_block[MYEXT2_N_BLOCKS];/* Pointers to blocks */
_le32     i_generation;     /* File version (for NFS) */
_le32     i_file_acl;      /* File ACL */
_le32     i_dir_acl;      /* Directory ACL */
@@-294,51+294,51 @@
/*
* File system states
*/
-#define    EXT2_VALID_FS          0x0001     /* Unmounted cleanly */
-#define    EXT2_ERROR_FS          0x0002     /* Errors detected */
+#define    MYEXT2_VALID_FS        0x0001     /* Unmounted cleanly */
+#define    MYEXT2_ERROR_FS        0x0002     /* Errors detected */
```

```
...
```

再如：

```
---fs/ext2/namei.c      2007-08-13 21:47:12.000000000-0400
+++fs/myext2/namei.c      2007-08-15 06:13:32.000000000-0400
...
-static inline void ext2_inc_count(struct inode * inode)
+static inline void myext2_inc_count(struct inode * inode)
{
inode->i_nlink++;
mark_inode_dirty(inode);
}

-static inline void ext2_dec_count(struct inode * inode)
+static inline void myext2_dec_count(struct inode * inode)
{
inode->i_nlink--;
mark_inode_dirty(inode);
}

-static inline int ext2_add_nondir(struct dentry * dentry, struct inode * inode)
+static inline int myext2_add_nondir(struct dentry * dentry, struct inode * inode)
{
-      int err=ext2_add_link(dentry, inode);
+      int err=myext2_add_link(dentry, inode);
if (! err) {
   d_instantiate(dentry, inode);
   return 0;
}
-      ext2_dec_count(inode);
+      myext2_dec_count(inode);
iput(inode);
return err;
}
@@-68,15+68,15 @@
```

```
 * Methods themselves.
 */

-static struct dentry * ext2_lookup(struct inode * dir, struct dentry * dentry,
struct nameidata * nd)
+static struct dentry * myext2_lookup(struct inode * dir, struct dentry * dentry,
struct nameidata * nd)
{
struct inode * inode;
ino_t ino;

-      if (dentry->d_name.len > EXT2_NAME_LEN)
+      if (dentry->d_name.len > MYEXT2_NAME_LEN)
   return ERR_PTR(-ENAMETOOLONG);

-      ino=ext2_inode_by_name(dir, dentry);
+      ino=myext2_inode_by_name(dir, dentry);
inode=NULL;
if (ino) {
   inode=iget(dir->i_sb, ino);
@@-86,7+86,7 @@
return d_splice_alias(inode, dentry);
}
...
```

其他代码的修改类似。

源代码的修改工作到此结束。接下来就是第三步工作——编译源代码。首先要把的 myext2 加到编译选项中去，以便在做 make menuconfig 的时候，可以将该选项加上去。由于 2.6 的内核编译系统相对于 2.4 做了很大的改进，添加一个模块或者文件的工作很简单。做这项工作只需要修改三个文件：

```
fs/Kconfig
fs/Makefile
arch/i386/defconfig
```

fs/Kconfig 中拷贝一份对应的对 EXT2 文件宏的定义和帮助信息，这样在做 make menuconfig 的时候可以查看该选项有关帮助的内容。fs/Makefile 的修改是该内核编译系统，当 myext2 对应的宏被选择上的时候，到 fs/myext2 目录下去编译 myext2 文件系统。defconfig 是改动默认的编译选项，比如：

```
---fs/Kconfig.bak      2007-08-15 07:14:11.000000000-0400
+++fs/Kconfig      2007-08-15 07:21:29.000000000-0400
@@-62,6+62,62 @@
If you do not use a block device that is capable of using this,
or if unsure, say N.

+config MYEXT2_FS
+      tristate "MY Second extended fs support"
+      help
+         This is a test of adding a self-defined filesystem.
+
+         To compile this file system support as a module, choose M here: the
+         module will be called myext2.
+
+         If unsure, say Y.
...
---fs/Makefile.bak      2007-08-15 08:37:03.000000000-0400
+++fs/Makefile      2007-08-15 08:37:21.000000000-0400
@@-54,6+54,7 @@
obj-$(CONFIG_EXT3_FS)      +=ext3/ # Before ext2 so root fs can be ext3
obj-$(CONFIG_JBD)      +=jbd/
obj-$(CONFIG_EXT2_FS)      +=ext2/
+obj-$(CONFIG_MYEXT2_FS)      +=myext2/
obj-$(CONFIG_CRAMFS)      +=cramfs/
obj-$(CONFIG_SQUASHFS)      +=squashfs/
obj-$(CONFIG_RAMFS)      +=ramfs/
...
---arch/i386/defconfig.bak      2007-08-15 07:16:34.000000000-0400
+++arch/i386/defconfig      2007-08-15 07:17:07.000000000-0400
@@-1073,6+1073,8 @@
#
```

```
CONFIG_EXT2_FS=y
# CONFIG_EXT2_FS_XATTR is not set
+CONFIG_MYEXT2_FS=y
+# CONFIG_MYEXT2_FS_XATTR is not set
CONFIG_EXT3_FS=y
CONFIG_EXT3_FS_XATTR=y
# CONFIG_EXT3_FS_POSIX_ACL is not set
```

一切都准备就绪了,使用 make menuconfig 选择 myext2,如下:

```
# cd /usr/src/linux
# make menuconfig
```

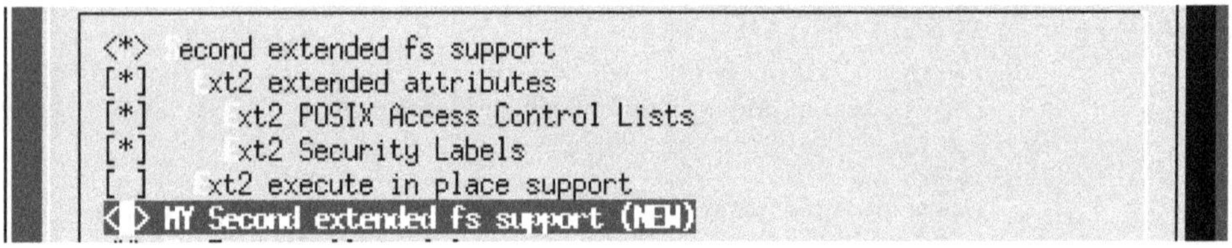

选中 MY ext2 对应的选项:

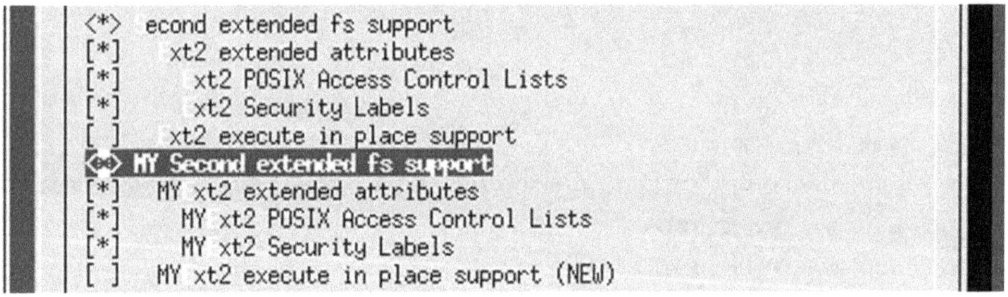

保存修改,然后使用"make"命令编译连接生成新内核文件:
编译一切 OK,只是在连接的时候出现了以下错误:

```
...
LD      fs/built-in.o
GEN     .version
CHK     include/linux/compile.h
UPD     include/linux/compile.h
```

```
CC        init/version.o
LD        init/built-in.o
LD        .tmp_vmlinux1
fs/built-in.o: In function `grab_block ':fs/myext2/balloc.c:271: undefined reference to `myext2_test_bit '
:fs/myext2/balloc.c:285: undefined reference to `myext2_find_next_zero_bit '
:fs/myext2/balloc.c:302: undefined reference to `myext2_test_bit '
:fs/myext2/balloc.c:307: undefined reference to `myext2_find_next_zero_bit '
:fs/myext2/balloc.c:314: undefined reference to `myext2_set_bit_atomic '
fs/built-in.o: In function `myext2_free_blocks ':fs/myext2/balloc.c:239: undefined reference to `myext2_clear_bit_atomic '
fs/built-in.o: In function `myext2_new_block ':fs/myext2/balloc.c:490: undefined reference to `myext2_set_bit_atomic '
fs/built-in.o: In function `myext2_free_inode ':fs/myext2/ialloc.c:151: undefined reference to `myext2_clear_bit_atomic '
fs/built-in.o: In function `myext2_new_inode ':fs/myext2/ialloc.c:495: undefined reference to `myext2_find_next_zero_bit '
:fs/myext2/ialloc.c:510: undefined reference to `myext2_set_bit_atomic '
make: *** [.tmp_vmlinux1] Error 1
[root@localhost linux]#
```

只要编译不出现问题，连接错误还是比较好办的。从显示出来的错误分析，估计是缺了这些函数的定义。根据逆向思维方法，只要在 Linux 源代码中搜索 ext2_test_bit，ext2_find_next_zero_bit 等函数，找到它们之后，同样复制一份，改成 myext2_test_bit，myext2_find_next_zero_bit 等函数名就可以了。接下来对这些函数逐个击破，先来搜索 ext2_test_bit。在 include/asm-i386/bitops.h 中可以发现这些函数群。把它们全部复制一份再修改掉就完成了。

```
---include/asm-i386/bitops.h.bak  2007-08-15 08:58:19.000000000-0400
+++include/asm-i386/bitops.h  2007-08-15 08:58:04.000000000-0400
@@-449,6+449,19 @@
find_first_zero_bit((unsigned long *)addr, size)
 #define ext2_find_next_zero_bit(addr, size, off) \
find_next_zero_bit((unsigned long *)addr, size, off)
+#define myext2_set_bit(nr,addr) \
+       _test_and_set_bit((nr),(unsigned long *)addr)
```

```
+#define myext2_set_bit_atomic(lock,nr,addr) \
+           test_and_set_bit((nr),(unsigned long *)addr)
+#define myext2_clear_bit(nr, addr) \
+      _test_and_clear_bit((nr),(unsigned long *)addr)
+#define myext2_clear_bit_atomic(lock,nr, addr) \
+                test_and_clear_bit((nr),(unsigned long *)addr)
+#define myext2_test_bit(nr, addr)        test_bit((nr),(unsigned long *)addr)
+#define myext2_find_first_zero_bit(addr, size) \
+      find_first_zero_bit((unsigned long *)addr, size)
+#define myext2_find_next_zero_bit(addr, size, off) \
+      find_next_zero_bit((unsigned long *)addr, size, off)

/* Bitmap functions for the minix filesystem.   */
#define minix_test_and_set_bit(nr,addr) _test_and_set_bit(nr,(void *)addr)
```

添加完了以后，保存，退出。回到 linux 目录下，再次做 make。

第一部分工作——克隆 ext2 文件系统已经完成了。回想一下 linux/include/asm/bitops.h 中这些宏是干什么用的。显然，ext2 需要的这些操作是和计算机的 CPU 指令相关的。因此，要把这些指令单独拎出来，放到 linux/include/asm－i386 下。

添加的 myext2 文件系统是否可以正常使用呢？以新编译出来的内核重新启动系统。

如果启动系统有问题，请参考本书第一部分的相关章节。由于 FC5 中默认采用 ext3 文件系统作为 root，并且启用了逻辑卷管理分区，所以最好是把 ext3 和对逻辑卷的支持编译进内核中，而不是以模块的方式在启动的时候装载，后者的做法可能需要更新 initrd，对不熟悉的人来说更麻烦。

如果使用 make menuconfig 的话，逻辑卷的配置页在这里：Device Drivers－> Multi－device support (RAID and LVM)，请选择以下四个配置项编译进内核：

```
Device mapper support
Snapshot target
Mirror target
Zero target
```

ext3 的配置页在这里：File systems－>，请选择以下几个配置项编译进内核：

```
Ext3 journalling file system support
```

```
Ext3 extended attributes
Ext3 POSIX Access Control Lists
Ext3 Security Labels
```

编译完成之后，配置 grub 或者 lilo 以新内核重新启动(注意可能仍然需要原先的 initrd)。比如现在添加到 grub.conf 里面的内容如下：

```
title MYEXT2
  root (hd0,0)
  kernel /bzImage.myext2 ro root=/dev/VolGroup00/LogVol00 rhgb quiet
  initrd /initrd-2.6.15-1.2054_FC5.img
```

下面对添加的 myext2 文件系统进行测试：

```
#pwd
#/root
#dd if=/dev/zero of=myfs bs=1M count=1
#/sbin/mkfs.ext2 myfs
#cat /proc/filesystems | grep ext
ext2
ext3
myext2
#mount-t myext2-o loop ./myfs /mnt
#mount
/root/myfs on /mnt type myext2 (rw,loop=/dev/loop0)
#umount /mnt
#mount-t ext2-o loop ./myfs /mnt
#mount
/root/myfs on /mnt type ext2 (rw,loop=/dev/loop0)
#
```

对上面的命令解释如下：

(1)dd if=/dev/zero of=myfs bs=1M count=1：

创建大小为 1M 的，名字为 myfs 的，内容全为 0 的文件。

(2)/sbin/mkfs.ext2 myfs：

将 myfs 格式化成 ext2 文件系统。从理论上来看，myext2 和 ext2 是完全一致的，当然除了名字外，所以，下面我们可以试着用 myext2 文件系统格式去 mount 我们刚刚做出来的 ext2 文件系统。

(3)cat /proc/filesystems | grep ext：

现在看看系统是否支持 myext2 文件系统。

(4)mount-t myext2-o loop ./myfs /mnt：

将 myfs 通过 loop 设备 mount 到/mnt 目录下。请注意，用的参数是－t。myext2，也就是用 myext2 文件系统格式去 mount 的，发现这样 mount 是可以的，也就证明了新内核已经支持我们的新文件系统 myext2。

(5)mount：

用来检查当前的系统的 mount 情况。发现的 myext2 已经被内核所认可，证明前面的实验是完全成功的！

(6)umount /mnt：

将原来的 mount 的文件系统 umount 下来，准备下一步测试。

(7)mount-t ext2-o loop ./myfs /mnt：

将 myfs 通过 loop 设备 mount 到/mnt 目录下。这次用的参数是－t ext2，这样做的目的是再来检查一下 myext2 和 ext2 是否完全一致，发现这样 mount 是可以的。也证明了 ext2 和 myext2 是一致的。

(8)mount：

检查结果证明推测是完全正确的。

2. 修改 myext2 的 magic number

有了上面的成功基础后，这部分相对来讲就简单一些了。找到 myext2 的 magic number，并将其改为 0x6666：

```
---include/linux/myext2_fs.h.magic  2007-08-15 11:30:30.000000000-0400
+++include/linux/myext2_fs.h        2007-08-15 11:30:44.000000000-0400
@@-67,7+67,7 @@
/*
 * The second extended file system magic number
 */
-#define MYEXT2_SUPER_MAGIC      0xEF53
+#define MYEXT2_SUPER_MAGIC      0x6666

#ifdef _KERNEL_
static inline struct myext2_sb_info *MYEXT2_SB(struct super_block *sb)
```

改动完成之后，再用 make 重新编译内核。以新内核重新启动，准备下面的测试。

测试这个部分之前，需要写个小程序，来修改创建的 myfs 文件系统的 magic number。因为它必须和内核中记录 myext2 文件系统的 magic number 匹配，myfs 文件系统才能被正确地 mount。

下面开始测试：

```
# dd if=/dev/zero of=myfs bs=1M count=1
# mkfs.ext2 myfs
# ./changeMN myfs
# mount-t myext2-o loop ./myfs /mnt
# mount
/root/myfile on /mnt myext2 (rw,loop=/dev/loop0)
# umount /mnt
# mount-t ext2-o loop ./myfs /mnt
mount: wrong fs type, bad option, bad superblock on /dev/loop0,
or too many mounted file systems
#
```

3. 修改文件系统操作

myext2 只是一个实验性质的文件系统，希望它只要能支持简单的文件操作即可。因此在完成了 myext2 的总体框架以后，来看看如何修改掉 myext2 支持的一些操作，来加深对操作系统对文件系统操作的理解。因为读者在创建自己的文件系统中，也会遇到希望自己创建的文件系统有自身特色的操作。下面我们以裁减 myext2 的 mknod 操作为例，了解这个过程的实现流程。

众所周知，Linux 将所有的对块设备、字符设备和命名管道的操作，都看成对文件的操作。mknod 操作是用来产生那些块设备、字符设备和命名管道所对应的节点文件。在 ext2 文件系统中它的实现函数如下：

fs/ext2/namei.c, line 144

```
static int ext2_mknod (struct inode * dir, struct dentry * dentry, int mode, dev_t rdev)
{
        struct inode * inode;
        int err;
```

```
148
149         if (! new_valid_dev(rdev))
150                 return-EINVAL;
151
152         inode=ext2_new_inode (dir, mode);
153         err=PTR_ERR(inode);
154         if (! IS_ERR(inode)) {
155                 init_special_inode(inode, inode->i_mode, rdev);
156 #ifdef CONFIG_EXT2_FS_XATTR
157                 inode->i_op=&ext2_special_inode_operations;
158 #endif
159                 mark_inode_dirty(inode);
160                 err=ext2_add_nondir(dentry, inode);
161         }
162         return err;
163 }
```

它定义在结构 ext2_dir_inode_operations 中：

fs/ext2/namei.c, line 400

```
392 struct inode_operations ext2_dir_inode_operations={
393         .create         =ext2_create,
394         .lookup         =ext2_lookup,
395         .link           =ext2_link,
396         .unlink         =ext2_unlink,
397         .symlink        =ext2_symlink,
398         .mkdir          =ext2_mkdir,
399         .rmdir          =ext2_rmdir,
400         .mknod          =ext2_mknod,
401         .rename         =ext2_rename,
402 #ifdef CONFIG_EXT2_FS_XATTR
403         .setxattr       =generic_setxattr,
404         .getxattr       =generic_getxattr,
405         .listxattr      =ext2_listxattr,
406         .removexattr    =generic_removexattr,
407 #endif
408         .setattr        =ext2_setattr,
```

```
        .permission     =ext2_permission,
};
```

当然,从 ext2 克隆过去的 myext2 的 myext2_mknod,以及 myext2_dir_inode_operations 和上面的程序是一样的。

对于 mknod 函数,在 myext2 中作如下修改:

fs/myext2/namei.c

```
static int myext2_mknod (struct inode * dir, struct dentry * dentry, int mode, int rdev)
{
printk(KERN_ERR "haha, mknod is not supported by myext2! you've been cheated!\n");
return-EPERM;
}
```

添加的程序中:

第一行打印信息,说明 mknod 操作不被支持。

第二行将错误号为 EPERM 的结果返回给 shell,即告诉 shell,在 myext2 文件系统中,maknod 不被支持。

修改完毕,然后重新编译内核。以新生成的内核重新启动计算机,在 shell 下执行如下测试程序:

```
#mount-t myext2-o loop ./myfs /mnt
#cd /mnt
#mknod myfifo p
haha, mknod is not supported by myext2! You've been cheated!
mknod: `myfifo ': Operation not permitted
#
```

第一行命令:将 myfs mount 到/mnt 目录下。

第二行命令:进入/mnt 目录,也就是进入 myfs 这个 myext2 文件系统。

第三行命令:执行创建一个名为 myfifo 的命名管道的命令。

第四、五行是执行结果:第四行是添加 myext2_mknod 函数的 printk 结果;第

五行是返回错误号 EPERM 结果给 shell，shell 捕捉到这个错误后打出的出错信息。需要注意的是，如果在图形界面下使用虚拟控制台，printk 打印出来的信息不一定能在终端上显示出来，但是可以通过命令 dmesg|tail 来观察。

可见，裁减工作取得了预期的效果。如果还需要定制其他的操作，可以按照上面讲的原理和步骤来完成。

4. 添加文件系统创建工具

文件系统的创建对于一个文件系统来说是首要的。因为，如果不存在一个文件系统，所有对它的操作都是空操作，也是无用的操作。

其实，前面的第一小节“添加一个和 ext2 完全相同的文件系统 myext2”和第二小节“修改 myext2 的 magic number”在测试实验结果的时候，已经陆陆续续地讲到了如何创建 myext2 文件系统。本节的主要目的就是将这些内容总结一下，制作出一个更快捷方便的 myext2 文件系统的创建工具：mkfs. myext2（名称上与 mkfs. ext2 保持一致）。

首先需要确定的是该程序的输入和输出。为了灵活和方便起见，输入一个文件，大小即 myext2 文件系统的大小。输出就是带了 myext2 文件系统的文件。

在/sbin 目录下编辑如下的程序：

/sbin/mkfs. myext2

```
1  #! /bin/sh
2
3  /sbin/losetup -d /dev/loop0
4  /sbin/losetup /dev/loop0 $1
5  /sbin/mkfs.ext2 /dev/loop0
6  dd if=/dev/loop0 of=/tmp/tmpfs bs=1k count=2
7  /sbin/changeMN /tmp/tmpfs
8  dd if=/tmp/tmpfs of=/dev/loop0
9  /sbin/losetup -d /dev/loop0
10 rm -f /tmp/tmpfs
```

第一行命令表明是 shell 程序。

第三行命令如果有程序用了/dev/loop0 了，就将它释放。

第四行命令用 losetup 将第一个参数装到/dev/loop0 上。

第五行命令用 mkfs. ext2 格式化/dev/loop0。也就是用 ext2 文件系统格式格式化我们的文件系统。

第六行命令将文件系统的头 2K 字节的内容取出来。

第七行命令调用程序 changeMN 将 magic number 改成 0x6666

第八行命令再将 2K 字节的内容写回去。

第九行命令把我们的文件系统从 loop0 中卸下来。

第十行命令将临时文件删除。

编辑完了之后，来试一下成果：

```
#dd if=/dev/zero of=myfs bs=1M count=1
#mkfs.myext2 myfs
#mount-t myext2-o loop ./myfs /mnt
#mount
/root/myfile on /mnt myext2 (rw,loop=/dev/loop0)
#
```

结果正确。至此，文件系统部分的实验已经全部完成了。现在，Linux 整个文件系统的运作流程，如何添加一个文件系统，以及如何修改 Linux 对文件系统的操作已经讲解完毕了。在本实验的基础上，可以发挥自己的创造性，构造出自己的文件系统，然后将它添加到 Linux 中。

四、上机思考题

1. 结合前面章节讲述的内核模块内容，请尝试把 myext2 改成内核模块方式（那样就不用每次改动 myext2 文件系统都重启系统了）。

2. 由于 VFS 设计的非常优秀，接口简单，稳定，方便编程。所以现在 Linux 支持的文件系统非常多，收入标准内核代码树的文件系统都已经达到 50 多种，另外还有很多优秀的文件系统没被收入。比如手机消费类电子产品/嵌入式系统中使用非常多的 YAFFS2 等。有兴趣的读者可以对 Linux 下的文件系统做一个概述，或者在 google、freshmeat 或 sourceforge 上找一些感兴趣的小的文件系统，尝试分析，动手改改。同时理解一个好的接口设计对于一个系统的稳定与发展的重要性。

第七章　磁盘调度

操作系统的任务之一就是有效地使用硬件。对磁盘驱动器而言，要满足这一要求意味着需要更快的访问速度和较宽的磁盘访问带宽。磁盘为现代操作系统提供了大容量的次级存储。磁带也曾经用做次级存储介质，但是由于其访问时间比磁盘要长，所以不再用做次级存储设备。现代磁盘驱动器可以看做一个一维的逻辑块的数组，逻辑块是最小的传输单位。逻辑块的大小通常为 512B，虽然有的磁盘可通过低级格式化来选择不同逻辑块大小，如 1024B。

一维逻辑块数组按顺序映射到磁盘的扇区，扇区 0 是最外面柱面的第 1 个磁道第一个扇区。该映射是先按磁道内扇区顺序，再按柱面内磁道顺序，再按从外向内的柱面顺序来排序的。

通过映射，至少从理论上能将逻辑块号转换为由磁盘内的柱面号，柱面内的磁道号，磁道内的扇区号所组成的老式磁盘地址。事实上，执行如下地址转换并不容易，有两个理由，第一，绝大多数磁盘都有些缺陷扇区，因此映射必须用磁盘上的其他空闲扇区来替代这些缺陷扇区。第二，对于有些磁盘，每个磁道的扇区数并不是常量。对使用常量线性速度的介质，每个磁道的位密度是均匀的。磁道离磁盘中心越远，其长度越长，因而也能容纳更多的扇区。

另外磁盘旋转速度可以保持不变，但由于内磁道到外磁道的位密度不断降低以保持数据率不变，这种方法称为恒定圆角速度。

磁盘设备的动态分配算法与进程调度相似，也是基于一定的分配策略的。常用的分配策略有先请求先分配、优先级高者先分配等策略。在多道程序系统中，低效率通常是由于磁盘类旋转设备使用不当造成的。操作系统中，对磁盘的访问要求来自多方面，常常需要排队。这时，对众多的访问要求按一定的次序响应，会直接影响磁盘的工作效率，进而影响系统的性能。访问磁盘的时间因子由 3 部分构成，它们是查找（查找磁道）时间、等待（旋转等待扇区）时间和数据传输时间，其中查找时间是决定因素。因此，磁盘调度算法先考虑优化查找策略，需要时再优化旋转等待策略。

平均寻道长度(L)为所有磁道所需移动距离之和除以总的所需访问的磁道数(N),即:

$L=(M_1+M_2+\cdots\cdots+M_i+\cdots\cdots+M_n)/N$,其中 M_i 为所需访问的磁道号所需移动的磁道数。

启动磁盘执行输入输出操作时,要把移动臂移动到指定的柱面,再等待指定扇区的旋转到磁头位置下,然后让指定的磁头进行读写,完成信息传送。因此,执行一次输入输出所花的时间有:寻找时间——磁头在移动臂带动下移动到指定柱面所花的时间;延迟时间——指定扇区旋转到磁头下所需的时间;传送时间——由磁头进程读写完成信息传送的时间。

其中传送信息所花的时间,是在硬件设计完后就固定的。而寻找时间和延迟时间与信息在磁盘上的位置有关。为了减少移动臂进行移动花费的时间,每个文件的信息不是按盘面上的磁道顺序存放满一个盘面后,再放到下一个盘面上。而是按柱面存放,同一柱面上的各磁道被放满信息后,再放到下一个柱面上。所以各磁盘的编号按柱面顺序(从 0 号柱面开始),每个柱面按磁道顺序,每个磁道又按扇区顺序进行排序。

磁盘调度算法分:先来先服务算法,最短寻道时间优先算法,扫描算法,单向扫描调度算法。

除了"先来先服务"调度算法外,其余三种调度算法都是根据欲访问的柱面位置来继续调度的。在调度过程中可能有新的请求访问者加入。在这些新的请求访问者加入时,如果读写已经超过了它们所要访问的柱面位置,则只能在以后的调度中被选择执行。

在多道程序设计系统中,在等待访问磁盘的若干访问者请求中,可能要求访问的柱面号相同,但在同一柱面上的不同磁道,或访问同一柱面中同一磁道上的不同扇区。所以,在进行移动调度时,在按照某种算法把移动臂定位到某个柱面后,应该在等待访问这个柱面的各个访问者的输入输出操作都完成之后,再改变移动臂的位置。

实验一　磁盘调度

一、预备知识

启动磁盘执行输入输出操作时,要把移动臂移动到指定的柱面,再等待指定扇区的旋转到磁头位置下,然后让指定的磁头进行读写,完成信息传送。因此,执行一次输入输出所花的时间有：

寻找时间——磁头在移动臂带动下移动到指定柱面所花的时间。

延迟时间——指定扇区旋转到磁头下所需的时间。

传送时间——由磁头进程读写完成信息传送的时间。

其中传送信息所花的时间，是在硬件设计完后就固定的。而寻找时间和延迟时间是与信息在磁盘上的位置有关。为了减少移动臂进行移动花费的时间，每个文件的信息不是按盘面上的磁道顺序存放满一个盘面后，再放到下一个盘面上。而是按柱面存放，同一柱面上的各磁道被放满信息后，再放到下一个柱面上。所以各磁盘的编号按柱面顺序(从 0 号柱面开始)，每个柱面按磁道顺序，每个磁道又按扇区顺序进行排序。

1. 磁盘调度

磁盘是一种高速旋转的存储设备。移动臂上的磁头在沿着知己盘片的直径方向移动，同时对指定磁道上扇面中的数据进行读写操作。根据访问者指定的柱面位置来决定执行次序的调度，称为“移臂调度”。移臂调度的目的是尽可能地减少操作中的寻找时间。

在磁盘盘面上，0 磁道在盘面的外部；号数越大，磁道越靠近盘片的中心。磁盘在关机时，硬盘磁头停放在最内圈柱面。常用的移臂调度算法有先来先服务算法、最短寻找时间优先算法、电梯调度算法和单向扫描算法。

(1)先来先服务(FCFS)调度算法。最简单的移臂调度算法是“先来先服务”调度算法，这个算法实际上不考虑访问者要求访问的物理位置，而只是考虑访问者提出访问请求的先后次序。例如，如果现在读写磁头正在 53 号柱面上执行输出操作，而等待访问者依次要访问的柱面为 98、183、37、122、14、124、65、67，那么，当 53 号柱面上的操作结束后，移动臂将按请求的先后次序先移到 98 号柱面，最后到达 67 号柱面，如图 7-1 所示。

从图 7-1 中可以看到，采用先来先服务算法决定等待访问者执行输入输出操作的次序时，移动臂来回地移动。先来先服务算法花费的寻找时间较长，所以执行输入输出操作的总时间也很长。

(2)最短寻找时间优先调度算法(SSTF)。最短寻找时间优先调度算法总是从等待访问者中挑选寻找时间最短的那个请求先执行的，而不管访问者到来的先后次序。现在仍利用同一个例子来讨论，现在当 53 号柱面的操作结束后，应该先处理 65 号柱面的请求，然后到达 67 号柱面执行操作，随后处理 14 号柱面请求，后继操作的次序应该是 98、122、124、183 如图 7-2 所示。

从图 7-2 中可以看到，采用最短寻找时间优先算法与先来先服务算法比较，大幅度地减少了寻找时间，因而缩短了为各访问者请求服务的平均时间，也就提高了

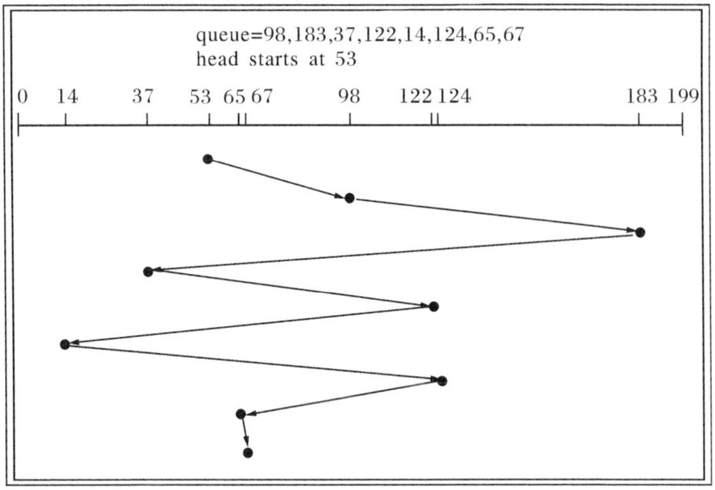

图 7-1 先来先服务(FCFS)调度

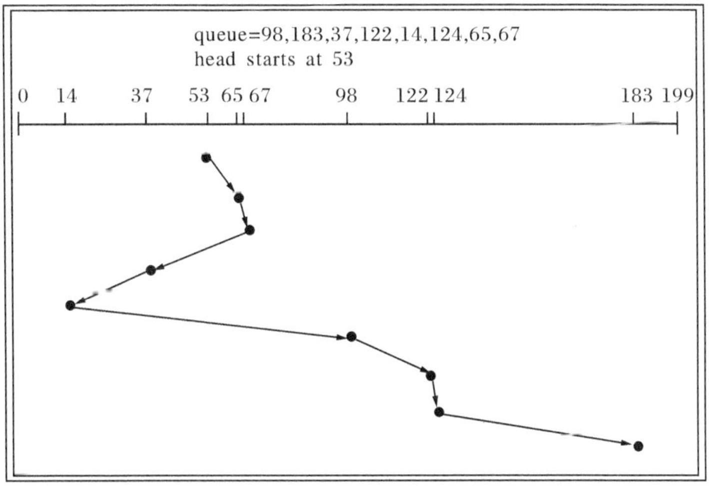

图 7-2 最短寻找时间优先调度

系统效率。

(3)扫描算法(SCAN)。扫描算法是从移动臂当前位置开始沿着臂的移动方向去选择离当前移动臂最近的那个柱访问者,如果沿臂的移动方向无请求访问时,就改变臂的移动方向再选择。这好比乘电梯,开始时,在 53 号柱面执行操作的读写磁头的移动臂方向是由里向外,趋向 37 号柱面的位置,因此,当访问 53 号柱面的操作结束后,沿臂移动方向最近的柱面是 37 号柱面。所以应先为 32 号柱面的访问者服务,然后为 14 号柱面的访问者服务。之后,由于在向外移方向已无访问等待者,但需移动到最小磁道 0，再改变移动臂的方向，由内向外依次为各访问者服务。在这种情况下为等待访问者服务的次序是 0、65、67、98、122、124，如图 7-3 所示。

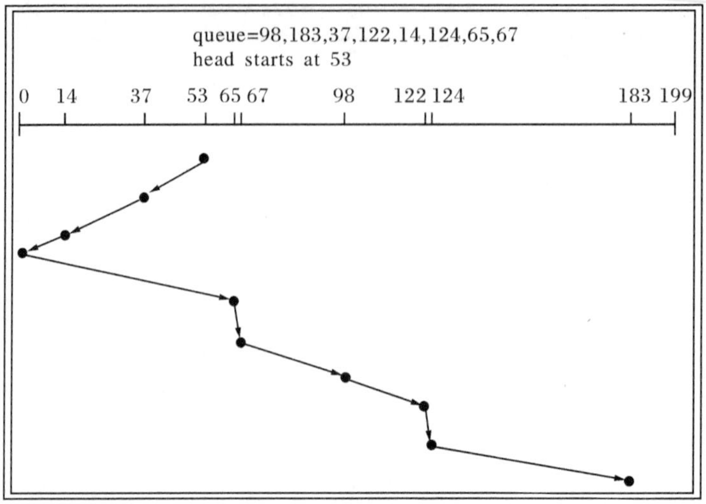

图 7-3 SCAN 调度

但是，“电梯调度”算法在实现时，不仅要记住读写磁头的当前位置，还必须记住移动臂的当前前进方向。

(4)单向扫描调度算法(C—SCAN)。单向扫描调度算法的基本思想是，不考虑访问者等待的先后次序，总是从 0 号柱面开始向里道扫描，按照各自所要访问的柱面位置的次序去选择访问者。在移动臂到达最后一个柱面后，立即快速返回到 0 号柱面，返回时不为任何的访问者等待服务。在返回到 0 号柱面后，再次进行扫描。对上述相同的例子采用单向扫描调度算法的执行次序，如图 7-4 所示。

在图 7-4 中，由于该例中已假定读写的当前位置在 53 号柱面，所以，指示了从 53 号柱面继续向里扫描，依次为 65、67、98、122、124、183、199 各柱面的访问者服务，此时移动臂已经是最内的柱面，于是立即返回到 0 号柱面，重新扫描，依次为 14、37 号柱面的访问者服务。

除了“先来先服务”调度算法外，其余三种调度算法都是根据欲访问的柱面位置来继续调度的。在调度过程中可能有新的请求访问者加入。在这些新的请求访问者加入时，如果读写已经超过了它们所要访问的柱面位置，则只能在以后的调度中被选择执行。

在多道程序设计系统中，在等待访问磁盘的若干访问者请求中，可能要求访问的柱面号相同，但在同一柱面上的不同磁道，或访问同一柱面中同一磁道上的不同扇区。所以，在进行移动调度时，在按照某种算法把移动臂定位到某个柱面后，应

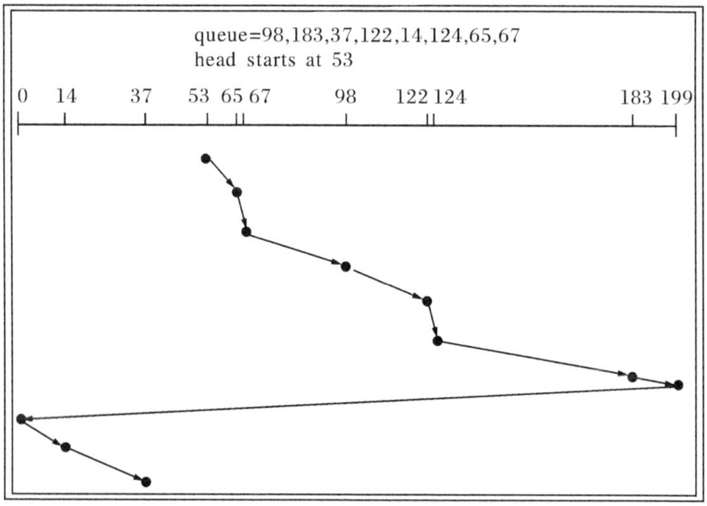

图 7-4 C－SCAN 调度

该在等待访问这个柱面的各个访问者的输入输出操作都完成之后，再改变移动臂的位置。

进行调度时应分析下列情况：若干访问等待者请求访问同一磁道上的不同扇区；若干访问等待者请求访问不同磁道上的不同编号的扇区；若干访问等待者请求访问不同磁道上的、具有相同编号的扇区。

对于前两种情况，旋转调度总是为首先到达读写磁头位置下的扇区进行读写操作。对于第三种情况，由于这些扇区编号相同，又在同一个柱面上，所以它们同时到达读写磁头的位置下。这时旋转调度可任意选择一个读写磁头进行读写操作。

记录在磁道上的排列方式也会影响磁盘的输入输出操作的时间。现在举一个假想的简单例子给予说明。

二、实验目的

1. 理解磁盘调度的概念。

2. 通过磁盘调度算法的模拟设计，掌握各种磁盘调度算法的思想。

三、实验内容

1. 假定有以下磁盘请求(磁道编号从 0－199)98，183，37，122，14，124，65，67。当前磁头位置为 53，各种调度算法访问过程如图 7-1、图 7-2、图 7-3、图 7-4 所示，求各算法的寻道距离。

要求：磁道服务顺序从指定的文件（sector. txt）中读取，阅读 FIFO 调度算法程序，并调试运行。

```
  #include<math.h>
  const int MAX_QUEUE=200;
  typedef struct node{
  int loaction;
  int visited;
  }queue;
  queue qu[MAX_QUEUE];
  int start_location;
  int cy_no;
  void init()
  {
  int i;
  for(i=0;i< MAX_QUEUE;i++)
  qu[i].location=-1;
  qu[i].visited=0;
}
void readCylinder()
{
  FILE *fp;
  char fname[20];
  int temp,i;
  printf("please input Cylinder file name:\n");
  scanf("%s",fname);
  if((fp=fopen(fname,"r"))==NULL){
  printf("file read error\n");
  }else{
  while(! feof(fp)){
  fscanf(fp,"%d",&temp);
  qu[cy_no].location=temp;
  cy_no++;
      }
  printf("the reading  cylinder data stream \n");
for(i=0;i<cy_no;i++)
  printf("%d",qu[i].location);
scanf("%d",start);
```

```
}
void FIFO()
{
int i;
int total=0;
int current;
printf("");
current=start;
for(i=0;i<cy_no;i++);
  {
        printf('%d",qu[i].location);
        total+=abs(qu[i].go-current);
        current=qu[i].location;
  }
printf("the moving distance is %d",total);
}
void main()
{
  int();
  readCylinder();
  FIFO();

}
```

2. 编写程序实现 SSTF 调度算法,并调试运行。
3. 编写程序实现 SCAN 调度算法,并调试运行。

四、上机思考题

编写程序实现 C—SCAN 调度算法,并调试运行。

实验二　磁盘调度

一、预备知识

见上一实验。

二、实验目的

1. 理解磁盘调度的概念。

2. 通过磁盘调度算法的模拟设计，掌握各种磁盘调度算法的思想，并能分析算法特性及差异。

三、实验内容

1. 假设磁盘磁道数为 2000，磁头初始停止于 99 磁道（磁头运动方向由内向外，即由大磁道编号向小的方向移动）。

2. 用随机数生成函数产生"磁道号"序列(即磁盘请求的位置)，共产生 100 个。其中 40%位于 0～499，25%分布在 500～999，25%分布在 1000～1499，10%分布在 1500～2000。

3. 阅读下列 FCFS 和 LOOK 调度算法程序，编写程序实现 SSTF 调度算法，并计算每种磁盘调度算法下的磁头移动道数。

```
#include<stdio.h>
#include<stdlib.h>
#include<time.h>
#include<math.h>

#define DISKTOTAL 2000
#define OK 1
#define ERROR-1

int cmp( const void *a, const void *b )
{
return *(int *)a- *(int *)b;
}

void genRadoms(int begin, int end, int num, int* R) {
    if (num > (end-begin+1) || end < begin) {
        return;
    }
    for (int i=0; i < num; i++) {// 生成 num 个随机数
        R[i]=rand()%(end-begin+1)+begin;
    }
```

```
}

void Get_RandomRequest(int * Requst,int request_NO){/* 设置请求访问磁道数*/
int i,count;
int * R;
srand(time(NULL));
R=Requst;
count=40;
genRadoms(0, 499, count, R);
R=R+40;
  count=25;
  genRadoms(500, 999, count, R);
  R=R+25;
    count=25;
  genRadoms(1000, 1499, count, R);
  R=R+25;
    count=10;
  genRadoms(1500, 1999, count, R);
}
/* 先到先服务磁盘调度 */
void FCFS(int * R,int disk_track,int request_NO){
int i;
int count=0;
//磁头移动总次数
int dist;
//访问下一个磁道磁头移动次数
printf("\n[NO.]   Path   Distance");
dist=abs(disk_track-R[0]);
/* 绝对值 */
count+=dist;
printf("\n[1]   %d-->%d   %d",disk_track,R[0], dist);/* 输出访问轨迹 */

for(i=0;i<request_NO-1;i++)
{
    dist=abs(R[i]-R[i+1]);  count+=dist;  printf("\n[%d]   %d-->%d
      %d",i+2,R[i],R[i+1],dist);
```

```
}
printf("\nTotal moving Distance:%d",count);
/*输出磁头总移动次数*/
printf("\nAverage moving Distance:%d",count/request_NO);
/*平均移动次数*/
}

int Sort(int *R,int request_num,int disk_track){/*调用库函数的快速排序函数*/
R[request_num]=disk_track;//加入当前磁道
qsort(R,request_num+1,sizeof(R[0]),cmp);
return 1;
}

int GetCurrent(int *R,int request_NO,int disk_track){
/*二分查找法,寻找当前磁道*/
int left,right,middle;
left=0;right=request_NO;
while(left<=right){
    middle=(left+right)/2;
    if(disk_track ==R[middle])return middle;
    if(disk_track >R[middle])left=middle+1;
    else right=middle-1;
}
return-1;
}
/*LOOK 算法*/
void  LOOK(int *R,int disk_track,int request_NO){
    int i=0,temp,cur, count=0,step=0;
    cur=GetCurrent(R,request_NO, disk_track); /*查找当前磁头所在磁道*/
    printf("\n[NO.]   Path    Distance");
temp=cur;
    if(cur ==request_NO){                    /*当前磁头在磁道头*/
        while(cur! =0){                              /*向内移动*/
            step=R[cur]-R[cur-1];
            count+=step;
           printf("\n[%d]   %d-->%d   %d",i+1,R[cur],R[cur-1], step);
            cur--;  i++;  }
```

```
    } else if(cur==0){                    /*当前磁头在磁道尾*/
        while(cur! =request_NO){
            step=R[cur+1]-R[cur];
            count+=step;
             printf("\n[%d]   %d-->%d    %d",i+1,R[cur],R[cur+1],
             step);
            cur++; i++;}
    } else{                    /*当前磁头不在头或尾*/
        while(cur! =0){       /*向内移动*/
            step=R[cur]-R[cur-1];
            count+=step;
             printf("\n[%d]   %d-->%d   %d",i+1,R[cur],R[cur-1],
             step);
            cur--;  i++;}
        /*向外移动*/
        i++;
        step=R[temp+1]-R[cur];
        count+=step;
        printf("\n[%d]   %d-->%d   %d",i,R[cur],R[temp+1], step);
        cur=temp+1;
    while(cur! =request_NO){
        step=R[cur+1]-R[cur];
        count+=step;
       printf("\n[%d]   %d-->%d   %d",i+1,R[cur],R[cur+1], step);
        cur++;  i++;  }
}
printf("\nTotal moving Distance:%d",count);
printf("\nAverage moving Distance:%d",count/request_NO);
}
int main(){
int *R;
int request_NO,disk_track;
int choose,i;
int flag=0;
disk_track=999;//当前磁头位置
request_NO=100;//磁盘请求序列长度
```

```
printf("\n———————请输入需验证的算法选项———————\n");
printf("[1]——————FCFS调度算法\n");
printf("[2]——————LOOK调度算法\n");
printf("[3]——————SSTF调度算法\n(需完成)");
scanf("%d",&choose);
if(choose>3||choose<1)return 0;

R=new int[request_NO];
Get_RandomRequest(R,request_NO);

switch(choose){
        case 1:{
                FCFS(R,disk_track, request_NO);
              }break;
        case 2:{
    Sort(R,request_NO, disk_track);           //排序
    LOOK(R, disk_track, request_NO);
  }break;
}
system("pause");
return 0;
}
```

四、上机思考题

1. 编写程序实现C－LOOK调度算法,并调试运行。

2. 分析各种算法的特性,并用实验数据及图表说明。

3. 是否能构造一种产生随机访问序列更好的方法,满足上面题目的要求,请编写代码并实现。

参考文献

[1] 汤子瀛,哲凤屏,汤小丹.计算机操作系统(修订版)[M].西安:西安电子科技大学出版社,2001.

[2] 孙琼.嵌入式 Linux 应用程序开发详解[M].北京:人民邮电出版社,2006.

[3] 杨树青,王欢. Linux 环境下 C 编程指南[M]. 北京:清华大学出版社,2007.

[4] 张坤,姜立秋,赵慧然. 操作系统实验教程[M]. 北京:清华大学出版社,2008.

[5] 庞丽萍.操作系统原理[M]. 武汉:华中科技大学出版社,2008.

[6] 费翔林. Linux 操作系统实验教程[M].北京:高等教育出版社,2009.

[7] 张丽芬,刘昕,刘利雄,等.操作系统实验教程及 Linux 和 Windows 系统调用编程[M].北京:清华大学出版社,2010.

[8] 庞丽萍,郑然.操作系统原理与 Linux 系统实验[M].北京:机械工业出版社,2011.

[9] File System Hierarchy Standard [EB/OL]. http://www. pathname. com/fhs/

[10] Linux Virtual File System [EB/OL]. http://www. coda. cs. cmu. edu/doc/talks/linuxvfs/

[11] A small trail through the Linux kernel [EB/OL]. http://www. win. tue. nl/～aeb/linux/vfs/trail. html

[12] 解析 Linux 中的 VFS 文件系统机制 [EB/OL]. http://www. ibm. com/developerworks/cn/linux/l－vfs/index. html

[13] Linux 内核文件系统与设备操作流程分析 [EB/OL]. http://www. whitecell. org/list. php? id＝45